纳米粒子和PVA纤维增强水泥基复合材料力学性能及耐久性研究

张　鹏　著

黄河水利出版社
·郑　州·

内 容 提 要

本书对纳米粒子和聚乙烯醇(PVA)纤维增强水泥基复合材料的配合比设计进行了详细的阐述，系统地研究了纳米粒子和PVA纤维增强水泥基复合材料的拌和物工作性、抗压性能、单轴抗拉性能、抗折性能、弯曲性能、断裂性能、抗冻融性能、抗裂性能、抗碳化性能和抗渗性能，详细分析了纳米粒子和PVA纤维对水泥基复合材料工作性、力学性能、断裂性能和耐久性影响的作用机制及规律。

本书可供从事土木、水利及交通运输工程的研究人员及工程技术人员参考，也可作为有关专业研究生的学习参考用书。

图书在版编目(CIP)数据

纳米粒子和PVA纤维增强水泥基复合材料力学性能及耐久性研究/张鹏著. —郑州：黄河水利出版社，2022.3

ISBN 978-7-5509-3262-3

Ⅰ.①纳… Ⅱ.①张… Ⅲ.①纳米技术-应用-纤维增强水泥-水泥基复合材料-力学性能-研究②纳米技术-应用-纤维增强水泥-水泥基复合材料-耐用性-研究 Ⅳ.①TB333.2

中国版本图书馆CIP数据核字(2022)第060514号

出 版 社：黄河水利出版社 网址：www.yrcp.com

地址：河南省郑州市顺河路黄委会综合楼14层 邮政编码：450003

发行单位：黄河水利出版社

发行部电话：0371-66026940、66020550、66028024、66022620(传真)

E-mail：hhslcbs@126.com

承印单位：河南新华印刷集团有限公司

开本：890 mm×1 240 mm 1/32

印张：5.25

字数：132千字

版次：2022年3月第1版 印次：2022年3月第1次印刷

定价：38.00元

前　言

水泥基复合材料是当今世界用途最广、用量最大的建筑材料之一，自问世以来100多年的历史中，作为最大宗的建筑材料，它为人类社会的发展和进步做出了极为重要的贡献。随着现代工程结构向大跨度、轻型、高耸结构的发展和向地下、海洋的扩展，以及未来的人类社会将向智能化社会发展，使工程结构对水泥基复合材料性能的要求越来越高，要求其自重轻、强度高、韧性高、耐久性高以及造型美观等。而水泥基复合材料具有抗拉强度低、韧性差、脆性大、可靠性低和开裂后裂缝宽度难以控制等缺点，使得许多结构在使用过程中甚至是建设过程中就出现了许多不同程度、不同形式的裂缝。在荷载和各种不利环境作用下，给结构耐久性带来不利影响，进而危及结构的安全性。

为了弥补水泥基复合材料的上述缺点，最有效的方法是在其中添加均匀分布的、密集的、长径比适宜的高模量纤维。在诸多纤维材料中，聚乙烯醇（polyvinyl alcohol，PVA）纤维的抗拉强度和弹性模量都较高，与水泥黏结性好、亲水性好、无毒，另外PVA纤维耐酸碱性好，适用于各种等级的水泥，能保证复合材料的耐久性。20世纪90年代初，研究人员基于微观力学和断裂力学的基本原理提出了ECC（engineered cementitious composites）材料的基本设计理念，将经过等离子处理的PVA纤维加入水泥砂浆中，使用常规的搅拌和加工工艺制成了PVA-ECC材料，是当前比较成功的高抗拉强度及高韧性纤维增强水泥基复合材料。

“纳米”的概念形成于20世纪80年代初，纳米材料是指粒径介于1~100 nm的粒子。纳米粒子是处在原子簇和宏观物质交界的过渡区域，是一种典型的介观系统，包括金属、非金属、有机、无机和生物等多种颗粒材料。随着物质的超细化，其表面电子结构和晶体结构发生变化，产生了宏观物质材料所不具有的小尺寸效应、表面效应、量子效应和宏观量子隧道效应等“纳米效应”，从而使超细粉末与常规颗粒材料相比较具有一系列奇异的物理、化学性质。凭着特有的“纳米效应”，纳米材料作为一种新材料已在国防、电子、化工、航天航空、生物和医学等领域展现出广阔的应用前景，被科学家们喻为“21世纪最有前途的材料”。水泥基复合材料水泥硬化浆体70%为纳米尺度的水化硅酸钙凝胶颗粒，此外，还有纳米尺寸的孤立孔、毛细孔和较大晶体的水化产物，纳米材料可以填充水泥浆体中的空隙。纳米粒子掺入水泥基复合材料可明显改善水泥浆体的结构和性能以及复合材料的界面结构和性能，提高水泥基复合材料早期抗压强度、抗拉强度和抗折强度，特别是可以较好地改善水泥基复合材料的抗冻性、抗渗性、抗冲磨等耐久性能。

由此可见，在水泥基复合材料中同时掺加纳米粒子和PVA纤维可配制出既具有良好力学性能，又具有较高韧性和耐久性的高性能水泥基复合材料。随着研究的深入以及纳米材料制造成本的降低，纳米粒子和PVA纤维增强水泥基复合材料将成为应用潜力极大的一种新型水泥基复合材料。然而，在目前的研究成果中，有关纳米粒子和PVA纤维增强水泥基复合材料力学性能及耐久性方面的研究资料较缺乏。为了弥补当前研究的不足，本书在大量试验基础上，较为系统地研究了纳米粒子和PVA纤维增强水泥基复合材料的工作性、抗压性能、单轴抗拉性能、抗折性能、弯曲性能、断裂性能、抗冻融性能、抗裂性能、抗碳化性能和抗渗性能，详细分析了纳米粒子和PVA纤维对水泥基复合材料工作性、力学性能、断裂性能和耐久性影响的作用机制及规律，以期为该新型水泥基复合材料在我国土木、水利及交通运输工程中的推广应用提供参考。

本书共分13章,主要内容包括:研究了纳米粒子和PVA纤维增强水泥基复合材料的配制方法,通过坍落扩展度试验,分析了纳米粒子和PVA纤维对水泥基复合材料工作性的影响,得出了PVA纤维掺量、纳米粒子掺量及种类、石英砂粒径等对纳米粒子和PVA纤维增强水泥基复合材料工作性影响的规律;通过抗压性能、抗拉性能和抗折性能试验,分析了纳米粒子和PVA纤维对水泥基复合材料抗压性能、抗拉性能和抗折性能的影响,得出了PVA纤维掺量、纳米粒子掺量及种类、石英砂粒径等对纳米粒子和PVA纤维增强水泥基复合材料抗压性能、抗拉性能和抗折性能影响的规律,并分析了相应的影响作用机制,揭示了水泥基复合材料抗压破坏和拉伸破坏机制;通过小梁试件的三分点加载弯曲试验,采用等效初始弯曲强度、初始弯曲韧度比、等效残余弯曲强度和残余弯曲韧度比作为弯曲韧性评价指标,分析了PVA纤维对掺纳米粒子水泥基复合材料弯曲韧性的影响,并分析了试件弯曲破坏曲线的特点,得出了PVA纤维对掺纳米粒子水泥基复合材料弯曲韧性评价指标影响的规律;通过预切口小梁试件的三点弯曲试验,研究了纳米粒子和PVA纤维增强水泥基复合材料的断裂性能,并以有效裂缝长度、起裂韧度、失稳韧度、断裂能等为评价指标,分析了PVA纤维、纳米粒子种类及掺量、石英砂粒径等对纳米粒子和PVA纤维增强水泥基复合材料断裂性能的影响,并得出了这些因素对水泥基复合材料各断裂参数影响的规律,分析了纳米粒子和PVA纤维增强水泥基复合材料的断裂破坏机制;通过抗冻融试验、抗碳化试验、抗渗试验和抗裂试验,研究了纳米粒子和PVA纤维增强水泥基复合材料的各种耐久性能,分析了纳米粒子和PVA纤维对水泥基复合材料各种耐久性的影响,得出了PVA纤维掺量、纳米粒子掺量及种类、石英砂粒径等对纳米粒子和PVA纤维增强水泥基复合材料各耐久性评价指标影响的规律,揭示了水泥基复合材料损伤规律和耐久性能退化规律，建立纳米粒子和 PVA 纤维增强水泥基复合材料耐久性预测模型及准则。

本书研究的相关试验得到了河南省水利科学研究院结构材料研究所、河南省工程材料与水工结构重点实验室等单位的大力支持和帮助，本书在研究和编写过程中同时还得到了国家自然科学基金、河南省高校科技创新团队支持计划、河南省杰出青年科学基金等资金支持，许多同志和研究生参与了本书的试验和研究工作。另外，本书编写过程中还引用了大量的文献资料。在此，谨向为本书的完成提供支持和帮助的单位、参考文献的原作者、各种基金资助及所有试验人员表示衷心的感谢！

由于作者水平有限，本书尚有不妥之处，敬请各界读者朋友批评指正。

作　者

2022 年 1 月

目　录

第1章　绪　论

1.1　研究的背景及意义

混凝土材料是当今世界用途最广、用量最大的建筑材料之一，自问世以来100多年的历史中，作为最大宗的建筑材料，它为人类社会的发展和进步做出了极为重要的贡献。与砌体结构、木结构相比，混凝土结构的发展历史相对较短，但是19世纪中期以后，混凝土结构的发展速度迅速增长。以我国为例，有数据显示，2010年全国预拌混凝土产量为11.6亿m^3，2019年全国商品混凝土产量为25.5亿m^3，2020年全国商品混凝土产量为28.99亿m^3，比2010年增长了将近2倍。我国2010年水泥总产量为18.7亿t，2019年全国水泥产量为23.3亿t，2020年全国水泥产量为23.8亿t，比2010年增长了将近30%。由此可见，混凝土材料在今后相当长的一段时期内将是不可取代的并将广泛应用于工程建设中。混凝土材料具有较高的强度和耐久性、原料来源广泛、便于就地取材等优点，因此人们在建筑和交通设施中大量使用混凝土结构，这大大加快了基础设施建设的进程。而其缺点则主要表现在抗拉强度低，自重较大、极限延伸率较低、耐久性差、结构物易发生突然破坏，一般不得用于承拉部位，在温度、湿度变化环境中易产生裂缝，且质量易受外部因素的影响。混凝土材料性能的优劣直接影响着建筑物的安全性、耐久性以及美观性，尤其是进入20世纪80年代以后，随着各种超高层建筑、大跨度桥梁、高等级公路、大型水利工程建设项目的日益增多，以及早期建设基础设施老化所引发的各类问题的产生,给混凝土材料带来了前所未有的挑战。

从1979年我国就开始了快速的城镇化进程,城市建设速度不断加快。数据显示,我国从1981年20%的城镇化率,到2012年的53%,仅用了30年的时间,而2020年,我国常住人口城镇化率达到了63.89%。随着城市规模的日益扩大,人们在住、行方面对基础设施建设的需要不断增加。尤其是进入21世纪以后,中国进入大型水利枢纽工程、跨海大桥等海上工程、高速公路高速铁路以及超高层建筑的新时代。对于水利工程而言,因其工作环境特殊、施工难度大且事故后果严重,要求其具有良好的工程质量。而海洋环境因其特殊性往往会造成混凝土结构中的钢筋锈蚀、冲击磨碎、冻融循环破坏以及盐类侵蚀等问题,严重影响海上工程安全性及耐久性。此外,我国在近些年来也加快了超高层建筑的建设速度。我国高层建筑委员会统计结果显示,我国大陆地区在2009年底已建成高度超过150 m的超高层建筑物有254栋,而这个数字在截至2004年底为153栋,截至1998年底仅为100栋,由此反映出近些年来我国超高层建筑物的建设速度。基础建设的快速发展对工程质量,混凝土材料的强度、刚度、耐久性、抗裂性能均提出了更高的要求。

ECC(engineered cementitious composites)建筑材料是解决混凝土结构脆性大的有效方法,但是混凝土结构需要解决的不仅有脆性问题,还有耐久性问题。解决混凝土结构耐久性的关键点就在于解决混凝土结构的冻融破坏、碳化破坏、抗渗性差和抗裂性不足等问题,使其耐久性能可以满足工程应用的要求。因为过去对混凝土结构耐久性方面的不重视,只是过度地强调提高混凝土结构的强度,使混凝土建筑物和基础设施出现耐久性破坏、寿命缩短的现象。混凝土结构性能的优劣直接影响了建筑物的安全性、耐久性和美观性。而混凝土结构所处环境对其耐久性的影响巨大。寒冷地区河流中的混凝土桥墩,在冻融循环反复作用下,易发生膨胀剥蚀破坏,使钢筋保护层厚度变薄甚至裸露在空气中,严重影响桥墩的正常使用。在建筑物的正常使用过程中,空气中的 CO_2 会侵入混凝土结构,并与其中的碱性物质发生反应,改变混凝土结构的碱性环境,使混凝土结构中的钢筋容易生锈、腐蚀,影响混凝土结构的性能。随着西部大开发的深入,建设环境越来越恶劣,使得工程对混凝土耐久性能要求越来越高。尤其是进入21世纪以后,随着各种超高层建筑、大跨度桥梁、高等级公路、大型水利工程等建设项目的开工建设,同时由于早期基础设施老化所引发的各类问题,给混凝土材料的性能提出了越来越高的要求。

目前,我国一些早期建设的基础设施已经出现老化的问题,而对于老化结构的更新与修复也需要混凝土材料有良好的性能,尤其要求其具有更好的延性、韧性、耐久性以及对裂缝具有良好的修复能力。根据20世纪90年代末统计数据显示,我国有40%以上的桥梁实际使用年限已超过40年。美国统计数据显示,一般而言设计使用年限为75年的桥梁其实际使用年限为40年左右。而德国一项对实际使用年限超过25年的桥梁的统计数据显示,其中有超过46%的桥梁至少存在一处中等以上的损伤。由此可见,目前我国在役桥梁大部分都有损伤存在,如果不采取措施控制,那么在未来的20年内,大部分桥梁都要达到使用年限。此外,我国港工建筑物、水工建筑物等也逐渐显现出老化破坏的问题。根据第一次全国水利普查中对水库工程普查结果显示,截至2011年底国内库容在10万 m^3 以上的水库工程有98 002座,其中有40%左右存在安全隐患和老化问题。一些大坝因此成为病坝、险坝,甚至由于年久失修出现溃坝、决口等安全事故。

以上种种数据表明,随着当代各类建筑物和基础设施的建设以及对老化基础设施修复对混凝土材料性能提出了更高的要求。自20世纪80年代以来,各国研究人员开始致力于高性能水泥基复合材料的研究。国内外众多学者对聚乙烯醇(PVA)纤维增强水泥基复合材料和掺纳米材料水泥基复合材料做了许多研究工作,主要包括PVA纤维增强水泥基复合材料的基本力学性能、断裂韧性、弯曲特性、抗弯性能、耐久性能和破坏机制等,以及掺加各种纳米粒子水泥基复合材料的力学性能、耐久性能和微观机制分析等。研究结果表明:PVA纤维可使水泥基复合材料具有应变-硬化特性和多裂缝开裂现象,可提高基体材料的变形能力、抗爆和抗冲击性能、抗震性能、耐久性能及抗剪和抗弯承载力,尤其是可极大地提高水泥基复合材料的极限拉应变。而纳米粒子掺入水泥基复合材料可明显改善水泥浆体的结构和性能以及复合材料的界面结构和性能,提高水泥基复合材料早期抗压强度、抗拉强度和抗折强度,特别是可以较好地改善水泥基复合材料的抗冻性、抗渗性、抗冲磨等耐久性能。由此可见,随着纳米材料制造成本的降低,将纳米颗粒掺入PVA纤维增强水泥基复合材料将会得到同时具有良好力学性能、超高韧性和较高耐久性的水泥基复合材料。然而,在目前的研究成果中,尚未发现有关掺纳米材料PVA纤维增强水泥基复合材料力学性能及断裂韧性方面的研究资料。

为此,本书特提出"纳米粒子改性PVA纤维水泥基复合材料性能研究"课题,拟通过基本力学性能试验(单轴抗压试验、立方体抗压试验、抗折试验后小立方体抗压试验、抗折试验、抗拉试验、三分点弯曲试验)、预切口梁三点弯曲断裂试验以及耐久性试验(抗冻融试验、抗渗试验、抗裂试验、抗碳化试验),测得纳米粒子PVA纤维水泥基复合材料基本力学性能参数(抗压强度、抗折强度、极限拉伸应力、极限拉伸应变、弯曲韧性指标)、断裂性能参数(断裂韧度指标、断裂能、裂缝张口位移)和耐久性参数(试件冻融循环后的相对动弹性模量、渗水高度、裂缝宽度以及长度、相应碳化龄期的碳化深度),探明PVA纤维掺量、纳米材料、石英砂粒径等因素对纳米粒子PVA纤维水泥基复合材料抗压性能、抗折性能、抗拉伸性能、弯曲性能、断裂性能、耐久性的影响,揭示PVA纤维掺量、纳米材料掺量以及石英砂粒径等因素变化时纳米粒子PVA纤维水泥基复合材料基本力学性能参数及弯曲韧性参数、断裂参数、耐久性参数影响的规律，分析纳米颗粒PVA纤维水泥基复合材料的抗压破坏、抗折破坏、抗拉破坏、弯曲破坏、断裂破坏机制以及材料耐久性退化及损伤机制。本书将对丰富和发展纤维水泥基复合材料基本理论，推动纳米颗粒PVA纤维水泥基复合材料在水利工程中的应用具有重要的理论意义和实用价值。

1.2 PVA纤维增强水泥基复合材料国内外研究现状

PVA纤维是将聚乙烯醇原料采用湿法纺丝和干法纺丝等先进的技术手段制得丝束后，并将丝束切断即可得到长度不同的PVA纤维。本书试验中所采用的PVA纤维是日本可乐丽公司生产的K-Ⅱ纤维，这种纤维性质稳定、性能优越，被称为“21世纪全球所需求的合成纤维”。

当作为水泥基复合材料的增强体使用时，PVA纤维具有如下优点：

(1)PVA纤维与水泥的亲和性好，黏结强度高，握裹力强。

(2)PVA纤维具有良好的分散性，纤维不黏结，无粘连，在基体分散性好。

(3)PVA纤维具有很好的机械性能，抗拉强度和弹性模量都较高。

(4)PVA纤维具有良好的耐酸碱性和耐腐蚀性，可保证复合材料的耐久性。

(5)PVA纤维对环境和人体均无毒无害、安全可靠，对环境及施工人员不造成危害。

当PVA纤维作为水泥基复合材料的增强材料使用时，PVA

纤维主要有以下功能：

(1)抗裂防渗。纤维乱向分布于混凝土(砂浆)中，有效地阻止龟裂的发生、发展，提高防水抗渗能力。

(2)抗冲击抗震。有效吸收冲击能量，提高抗震能力。

(3)抗冻、抗疲劳。缓解温差引起的应力，提高抗冻、抗疲劳性能。

(4)抗磨。可减少路面等混凝土面层的起尘、剥落、风化。

(5)增加韧性。改善混凝土的脆性，提高抗冲击、抗弯能力。

(6)减重。提高混凝土的抗拉(抗剪)强度，故可减少预制件或浇筑体截面尺寸，从而降低它们的自重。

目前，就 PVA 纤维的生产工艺和技术而言，日本在国际上是处于比较领先的地位，尤其是日本可乐丽公司所生产的 PVA 纤维——可乐纶 K-Ⅱ纤维，被称为"21 世纪全球所需求的合成纤维"。根据其公司所出具的试验检测报告可知，在相同纤维体积率掺量的条件下，PVA 纤维混凝土的抗弯韧性要远高于聚乙烯(PP)纤维混凝土。PVA 纤维加入混凝土后可表现出良好的增韧效果，可使纤维混凝土材料的初裂强度和极限承载力得到有效的提高。PVA 纤维的掺入不仅使混凝土材料的韧性产生很大的提升，还增加了其使用年限。

由于 PVA 纤维良好的性能特征，国外研究人员相继开展了将 PVA 纤维用于水泥基复合材料中的研究。20 世纪 90 年代初，美国密歇根(Michigan)大学 Victor Li 教授等基于微观力学和断裂力学的基本原理提出了 ECC(engineered cementitious composites)材料的基本设计理念，将经过等离子处理的 PVA 纤维加入水泥砂浆中，使用常规的搅拌和加工工艺制成了 PVA-ECC 材料，是当前比较成功的高抗拉强度及高韧性纤维增强水泥基复合材料。

最初使用 PE 纤维(聚乙烯纤维)作为 ECC 的增韧材料，称为 PE-ECC，PE-ECC 是一种性能优良的纤维增强水泥基复合材料，但是PE纤维价格较高,是等体积PVA纤维价格的8倍,并且PVA纤维具有更强的化学黏结力。这一理论对ECC理论的研究具有重大意义,对于ECC材料的选择以及配合比的优化具有重要的指导意义,为实现ECC的应变-硬化具有决定性作用。PVA-ECC材料的诞生激发了众多研究者的研究兴趣,并取得了一系列研究成果。Victor等研究了通过使用石油对PVA纤维表面进行处理和含砂率变化时对PVA纤维增强水泥基复合材料拉伸性能的影响,在PVA纤维体积掺量2.0%时最终测的复合材料的极限拉应变达到4%以上,极限拉应力可达4.5 MPa。Akkaya等研究了PVA纤维处理方法及纤维长度对PVA纤维水泥基复合材料抗拉性能和弯拉性能的影响。Kong等的研究表明,通过进行有效配合比设计,可使自密实PVA纤维水泥基复合材料在不出现离析的情况下流动性产生大幅提高,同时其极限拉应变达到5%。Suthiwarapirak等开展的试验结果表明,PVA纤维在ECC的疲劳破坏面呈拉断破坏,而相同疲劳应力情况下,PE纤维呈拔出破坏。Yun等在2005年的研究成果表明,混杂PVA纤维增强水泥基复合材料的抗拉强度和延性大大超过了砂浆或无纤维水泥基复合材料。Ryu等在2008年的研究表明,与常用的修复材料相比,混凝土结构修复用的PVA-ECC不仅具有较高的承载能力,而且可以极大地提高结构的韧性,从而避免混凝土结构发生脆性断裂。Lee等在2009年采用一种定量评价技术,对PVA-ECC中PVA纤维的分布进行了研究,以分散系数来表征纤维的分散效果。Michael等2009年在水泥基复合材料中掺加2%长度为12 mm、等效直径为39 μm的PVA纤维,制成的试件在标准养护条件下分别养护4 d、7 d、14 d和28 d后进行了抗压强度试验,试验结果表明,养护4 d、7 d、14 d和28 d后的PVA-ECC试件抗压强度分别为32.0 MPa、43.9 MPa、49.0 MPa和52.4 MPa。根据相关规范,PVA-ECC的4 d抗压强度为31 MPa时可满足桥面板设计的要求强度,对加快施工进度有重大现实意义。Gavdar 在 2012 年研究了掺加聚乙烯(PP)纤维、碳纤维(CF)、玻璃纤维(GF)、聚乙烯醇(PVA)纤维等 4 种不同纤维水泥基复合材料高温后的力学性能的影响,研究表明 4 种纤维的掺入均使水泥基复合材料高温后的抗弯强度和延性有了提高,而其中 PVA 纤维则表现出了更好的性能,同时纤维掺量越大会使纤维水泥基复合材料高温后抗压强度有所降低。Sahmaran 等在 2012 年的研究结果表明 PVA 纤维的掺加提高了水泥基复合材料的抗冻融性能和耐火性,同时可以避免 ECC 发生爆裂剥落。Tosun-Felekoglu 等于 2013 年研究了纤维及水泥基体的截面特性对纤维水泥基复合材料多缝开裂特性的影响,并通过四点弯曲梁试验测试了不同类型纤维水泥基复合材料的弯曲试验强度值及相应弯曲韧性指标,与 PE 纤维水泥基复合材料对比,发现 PVA 纤维水泥基复合材料弯曲破坏荷载高于 PE 纤维水泥基复合材料。

近年来,国内众多学者也开始了对 PVA-ECC 材料的研究。张君等 2002 年研究了 PVA 纤维增强水泥基复合材料和普通混凝土梁构件的静载和疲劳弯曲性能,根据试验结果对 PVA-ECC 和普通混凝土的各方面性能进行了对比分析,结果表明,使用 PVA-ECC 材料作为梁构件罩面层,梁的抗弯承载能力和变形能力得到显著改善,明显提高了梁的各方面性能,大大地降低了路面出现开裂等各种破坏形式的可能性。2004 年,合肥工业大学陈婷采用低掺量 PVA 纤维进行了延性纤维增强水泥基材料的研制,研究了 PVA 纤维增强水泥基材料的工作性、力学性能、变形性能及耐久性等多方面的性能,研究表明 PVA 纤维对水泥基复合材料有着良好的增韧、增强效果。2005 年,福州大学林水东等研究了 PP 纤维以及 PVA 纤维对水泥砂浆抗裂性能的影响,研究表明当纤维掺量增加时,裂缝宽度呈现减小趋势,PVA 长纤维对水泥砂浆抗裂性能的贡献要优于同长度 PP 纤维,而 PVA 短纤维对于水泥砂浆的塑性收缩裂缝的控制几乎没有影响。2006年,西安建筑科技大学的田砾等通过四点弯曲试验得出了不同加载速率和不同配比PVA纤维应变硬化水泥基复合材料的力-变形曲线并计算出其断裂能。2007年,北京工业大学的邓宗才等对PVA纤维增强混凝土梁的弯曲性能进行了系统研究,通过使用美国ASTM方法对其弯曲性能进行评价发现,PVA纤维可显著提高混凝土的变形能力以及抗弯韧性,同时在纤维掺量相同的情况下,PVA纤维混凝土的抗弯韧度要优于PP纤维混凝土。张君等2008年使用2种不同细度的细骨料制成ECC试件并进行了四点弯曲试验,在试验过程中对试件表面的裂纹宽度进行了观测,最终得到两种不同细骨料制成的ECC试件7 d四点弯曲强度分别为9.08 MPa和5.45 MPa。此外,掺加粗砂制成的ECC试件裂缝宽度范围是60~80 μm,远远大于掺加细砂试件的10~20 μm。

在水泥基复合材料的抗裂性能试验中,由于纤维的阻裂作用,ECC的裂缝宽度一般为30 μm左右。干燥收缩是水泥基复合材料收缩变形中最直接,也是最快速的;在ECC中掺加粗骨料且大量使用水泥时,水泥基复合材料的干燥收缩会更大;在ECC中纤维具有桥连作用下,ECC的收缩裂缝宽度仅为普通水泥基复合材料的五分之一,增强了水泥基复合材料的耐久性。水泥基复合材料的抗渗性能是指流体在其内部扩散、渗透的难易程度。水是最容易接触水泥基复合材料的介质,水在进入水泥基复合材料内部后,在降低水泥基复合材料内部pH的同时还挟带有害粒子进入水泥基复合材料内部,因而可能造成钢筋的锈蚀以及碱骨料反应,最终引起混凝土结构的破坏,因此研究水泥基复合材料的抗渗性能对ECC材料的应用具有现实意义。杜志芹等学者的研究结果表明,在水泥基复合材料中掺加PVA纤维可以抑制水泥基材料中裂缝的出现和扩展,从而提高水泥基材料的抗裂性能,因而在水泥基复合材料中掺加PVA纤维可以提高水泥基复合材料的抗扩散性。

大连理工大学徐世烺科研团队一直致力于超高韧性纤维增强水泥基复合材料的研究,该材料是以精制水泥砂浆为基体,采用高强高弹性模量PVA纤维为增强体,获得的具有类似ECC材料性能的纤维水泥基复合材料。该团队的一系列研究结果表明,该材料在拉伸及弯曲荷载作用下具有假应变硬化及多缝开裂的特性,裂缝宽度最大可达50 μm,其极限拉伸应变可达到3%,同时超高韧性纤维增强水泥基复合材料也具有高韧性、高延性和良好的能量吸收能力,如用于工程结构中可提高结构的抗震能力和抗变形能力。清华大学的张君等通过对传统ECC材料进行改进,获得了低收缩ECC材料,并对其干燥收缩性能、压缩性能、单轴拉伸性能等进行研究,试验结果表明该材料28 d干燥收缩值仅为传统ECC材料的12%~20%,与传统ECC材料相比,其极限应变与裂缝宽度有所改进。内蒙古工业大学刘曙光等对PVA纤维水泥基复合材料在氯盐环境中的抗冻融性能以及早期抗裂性能和抗渗性进行了试验研究,研究结果表明PVA纤维的掺入可使水泥基复合材料的抗盐冻性能得到明显的改善,同时粉煤灰和硅灰等的掺入则没有明显的改善效果。上述国内外关于PVA-ECC的研究成果表明PVA纤维可有效改善普通水泥基复合材料抗拉强度低、韧性差、脆性大、可靠性低和开裂后裂缝宽度难以控制等缺点。

1.3 纳米材料在水泥基材料中应用国内外研究现状

纳米二氧化硅(nano-silicon dioxide)是一种无机化工材料,其粒径属于超细纳米级,尺寸范围在1~100 nm。纳米材料具有小尺寸效应、表面效应和宏观量子隧道效应,因而展现出许多特有的性质。

近年来,随着纳米材料研究的深入和制造成本的降低,其应用领域也越来越广泛，诸多研究者对纳米粒子在水泥基复合材料中的应用进行了探索性研究。国内对掺纳米颗粒水泥基复合材料的研究最早要追溯到浙江工业大学叶青在 2001 年应用纳米技术对水泥材料进行改进性的研究，研究结果表明纳米 SiO_2 及纳米 $CaCO_3$ 等材料可与水泥水化产物发生键合作用，产生 C-S-H 胶体，C-S-H 凝胶能够填充凝胶孔，使水泥基复合材料更加密实，整体性能更好，从而使水泥硬化浆体的物理力学性能及耐久性有所提高，同时由于纳米材料所具有的表面效应和小尺寸效应，当纳米 SiO_2 掺量为 2%～3%时，可使水泥浆体强度提高 50%。重庆大学的王冲等在 2003 年研究了将纳米 SiO_2 应用到水泥基材料中的可行性和应用技术，研究结果表明，纳米 SiO_2 完全可以很好地在水泥基材料中发挥表面效应、填充效应等，掺入后可有效地提高水泥基材料的强度和流动性，尤其当纳米 SiO_2 作为减水剂添加物掺入时，可获得性能更优的高强水泥基复合材料。哈尔滨工业大学的李惠在 2004 年对掺加纳米 Fe_2O_3 粒子和纳米 SiO_2 粒子的水泥砂浆力学性能进行了研究，结果表明，掺入纳米材料后，水泥基材料 7 d 和 28 d 的抗压强度和抗弯拉强度与素水泥基材料相比均有所提高。熊国宣在 2006 年研究了分别掺普通 TiO_2 材料和纳米 TiO_2 粒子的水泥基复合材料的导电性能、电磁性能和吸波性能，研究结果表明在水泥基材料中掺入适量纳米 TiO_2 后可使其产生一定的导电性、电磁性能，同时具有良好的力学性能和吸波性能，同时纳米 TiO_2 可在水泥基复合材料中保持稳定。杨瑞海等在 2007 年研究了加入不同比例复合纳米材料和掺 30%～40%复合掺和料的胶砂和 C40 级混凝土的相关性能，研究结果表明复合纳米粒子的掺入可使 C40 混凝土材料的抗压强度提高 20%左右，使其流动性、抗氯离子能力和抗硫酸盐侵蚀能力均有所提高，同时试验结果也表明将纳米材料以减水剂添加物的方式掺入时可获得更好的增强效果，其最佳掺量为减水剂质量的 0.5%～1.0%。王培铭等在

2010年研究了水泥饰面砂浆中掺加纳米SiO_2后的相关性能,并结合SEM结果分析了其微观结构,研究结果表明纳米SiO_2改性水泥饰面砂浆的相关性能,并根据电镜扫描结果对其微观结构进行分析,研究结果表明掺入1.5%~2.5%的纳米SiO_2粒子时,测得的砂浆的抗压、抗折及拉伸黏结强度均可提高60%以上,掺入0.5%~1.0%的纳米SiO_2粒子时,其毛细吸水率可降低40%左右,纳米SiO_2可细化水泥水化产物$Ca(OH)_2$的晶体尺寸及砂浆内部孔隙,使其结构更加致密。浙江大学的孟涛(2012)在水泥砂浆中掺加纳米粒子,通过试验研究了纳米TiO_2对水泥砂浆力学性能的影响,结果表明纳米颗粒的掺入对水泥砂浆力学性能有较大改善作用。

而国外对纳米粒子水泥基复合材料的研究多集中于最近几年,如Jo等在2007年对纳米SiO_2水泥砂浆的力学性能进行了研究,研究结果表明,与硅粉相比,纳米SiO_2可更加有效地提高水泥砂浆的抗压强度,同时纳米SiO_2不仅可以改善水泥砂浆的微观结构,还可以促进火山灰反应,主要原因是纳米SiO_2活性较高,通过火山灰效应等综合作用,改善了水泥砂浆的微观结构,使水泥砂浆的性能更加优越。Hosseini等在2010年的研究表明纳米SiO_2不仅可以提高钢丝网水泥砂浆的密度,还使其强度有所提高,但在改善流动性方面,纳米SiO_2的掺入并没有表现出明显的效果。Ltifi等在2011年研究了掺量分别为水泥质量3%和10%的纳米SiO_2粒子对水泥砂浆抗压强度的影响,研究表明水泥砂浆的抗压强度随着纳米粒子掺量的增加而增加,纳米SiO_2粒子使水泥砂浆的需水量增加,水泥浆体厚度增加,同时可加速水泥的水化过程。Oltulu在2011年通过试验研究了纳米SiO_2、纳米Al_2O_3和纳米Fe_2O_3粒子单掺以及混掺对硅粉水泥砂浆抗压强度和抗渗性的影响,研究结果表明纳米粒子的种类数目以及砂浆的拌和方法对砂浆的流动性和硬化特性产生了明显的影响,当纳米SiO_2掺量为2.5%时可使硅粉砂浆的抗压强度提高27%,研究还发现混掺纳米粒子间的相互作用会对硅粉砂浆物理力学性能产生不良影响,而其抗压性能的提高可能是纳米粒子促进火山灰反应的结果而不是纳米粒子的填充效果引起的。Hosseinpourpia 等在 2012 年对掺纳米 SiO_2 亚硫酸盐纤维水泥基复合材料的抗压性能、弯曲性能、耐久性以及流动性和微观结构等进行了一系列的试验研究,研究结果表明,与普通水泥基复合材料相比,掺纳米 SiO_2 亚硫酸盐纤维水泥基复合材料的力学性能得到了很大改善。Nazari 等研究了当纳米 SiO_2 掺量不同时,高强自密实混凝土的抗压强度、劈拉强度、抗弯强度以及吸水率系数等的变化情况,研究结果表明添加纳米 SiO_2 后混凝土材料的抗压强度及吸水率系数均有所提高,由于纳米 SiO_2 所具有的火山灰活性,可与水泥浆体中的 $Ca(OH)_2$ 发生火山灰反应,从而促进 C-S-H 凝胶的产生,进一步提高水泥石的强度。

1.4　本书研究内容

国内外众多学者对 PVA 纤维增强水泥基复合材料和掺纳米材料水泥基复合材料做了许多研究工作,主要包括 PVA 纤维增强水泥基复合材料的基本力学性能、断裂韧性、弯曲特性、抗弯性能、耐久性能和破坏机制等,以及掺加各种纳米粒子水泥基复合材料的力学性能、耐久性能和微观机制分析等。由此可见,随着纳米材料制造成本的降低,将纳米粒子掺入 PVA 纤维增强水泥基复合材料将会得到同时具有良好力学性能、超高韧性和较高耐久性的水泥基复合材料。然而,在目前的研究成果中,尚未发现有关掺纳米材料 PVA 纤维增强水泥基复合材料力学性能、断裂韧性及耐久性方面的研究资料。

为此,本书的研究内容主要包括以下几个方面:

(1)根据研究思路确定适用于纳米粒子PVA纤维水泥基复合材料的各种原材料,并确定试验配合比。

(2)采用坍落扩展度试验研究纤维掺量、纳米粒子掺量及种类、石英砂粒径等因素对纳米粒子PVA纤维水泥基复合材料工作性的影响。

(3)以28 d为试验龄期,通过立方体抗压强度试验、轴心抗压强度试验、抗折试验后小立方体抗压强度试验,分析纤维掺量、纳米粒子掺量及种类、石英砂粒径等因素对纳米粒子PVA纤维水泥基复合材料抗压强度的影响。

(4)以28 d为试验龄期,通过抗折强度试验,分析纤维掺量、纳米粒子掺量及种类、石英砂粒径等因素对纳米粒子PVA纤维水泥基复合材料抗折强度的影响。

(5)以28 d为试验龄期,通过单轴直接拉伸试验,分析纤维掺量、纳米粒子掺量及种类、石英砂粒径等因素对纳米粒子PVA纤维水泥基复合材料抗拉性能的影响。

(6)以28 d为试验龄期,通过三分点加载弯曲试验,分析纤维掺量、纳米粒子掺量及种类、石英砂粒径等因素对纳米粒子PVA纤维水泥基复合材料弯曲韧性的影响。

(7)以28 d为试验龄期,通过预切口小梁试件的三点弯曲试验,分析纤维掺量、纳米粒子掺量及种类、石英砂粒径等因素对纳米粒子PVA纤维水泥基复合材料断裂性能的影响。

(8)以28 d为试验龄期,通过抗冻融试验,分析纤维掺量、纳米粒子掺量及种类等因素对纳米粒子PVA纤维增强水泥基复合材料抗冻融性能的影响。

(9)以28 d为试验龄期,通过抗渗试验,分析纤维掺量、纳米粒子掺量及种类等因素对纳米粒子PVA纤维增强水泥基复合材料抗渗性能的影响。

(10)以28 d为试验龄期,通过抗碳化试验,分析纤维掺量、纳米粒子掺量及种类等因素对纳米粒子PVA纤维增强水泥基复合材料抗碳化性能的影响。

(11)通过抗裂试验,分析纤维掺量、纳米粒子掺量及种类等对纳米粒子PVA纤维增强水泥基复合材料抗裂性能的影响。

第 2 章　纳米粒子和 PVA 纤维增强水泥基复合材料制备

2.1　试验所用原材料

试验所用原材料包括水泥、一级粉煤灰、PVA 纤维、石英砂、纳米 SiO_2、纳米 $CaCO_3$、高效减水剂、自来水等。各种原材料均符合试验要求，各材料具体参数依下文所述。

2.1.1　水泥

本书试验所采用的水泥为河南省孟电集团生产的 P · O42.5 型普通硅酸盐水泥，各项指标均满足试验要求。水泥的主要物理力学性能见表 2-1。

表 2-1　水泥的主要物理力学性能

项目	比表面积/(m^2/kg)	密度/(g/cm^3)	凝结时间(时:分:秒)		抗压强度/MPa		抗折强度/MPa	
			初凝	终凝	3 d	28 d	3 d	28 d
数值	386	3.16	1:30:00	5:00:00	26.6	54.5	5.42	8.74

2.1.2　粉煤灰

本书试验所采用的粉煤灰为大唐洛阳热电厂生产的一级粉煤灰，粉煤灰的物理特性如表 2-2 所示。

表2-2　粉煤灰的物理特性

项目	范围	均值
密度/(g/cm^3)	1.9~2.9	2.1
堆积密度/(g/cm^3)	0.531~1.261	0.780
原灰标准稠度/%	27.3~66.7	48.0
吸水量/%	89~130	106

2.1.3　PVA纤维

本书试验所采用的PVA纤维为日本可乐丽公司生产的高强高模聚乙烯醇纤维。具体指标如表2-3所示。

表2-3　聚乙烯醇纤维的性能指标

项目	指标
抗拉强度/MPa	1 400~1 600
干断裂伸度/%	17±3.0
断面伸缩率/%	320
耐碱性/%	98~100

2.1.4　石英砂

本书试验采用由巩义市元亨净水材料厂生产的石英砂材料，本次试验共选取4种不同粒径的石英砂，目数分别是20~40目、40~70目、70~120目、120~200目，对应粒径范围分别为380~830 μm、212~380 μm、120~212 μm、75~120 μm。

2.1.5 纳米SiO_2

本书试验采用的纳米SiO_2为杭州万景新材料有限公司生产,外观为松散的白色粉末,纳米SiO_2各项指标测试结果见表2-4。

表2-4 纳米SiO_2检测结果

序号	测试内容	测试结果
1	比表面积/(m^2/g)	200
2	含量/%	99.5
3	平均粒径/nm	30
4	pH	6
5	表观密度/(g/L)	55
6	加热减量/%(m/m)	1.0
7	灼烧减量/%(m/m)	1.0

2.1.6 纳米$CaCO_3$

本书试验采用的纳米$CaCO_3$为杭州万景新材料有限公司生产,外观为松散的白色粉末,纳米$CaCO_3$各项指标测试结果见表2-5。

表2-5 纳米$CaCO_3$各项指标测试结果

序号	测试内容	测试结果
1	比表面积/(m^2/g)	23
2	含量/%	99
3	平均粒径/nm	30
4	pH	9.3
5	表观密度/(g/mL)	300
6	干燥失重/(105 ℃,2 h)	0.20

2.1.7 减水剂

本书试验采用的减水剂为星辰化工生产的高效减水剂,根据《混凝土外加剂》(GB 8076—2008)对该减水剂的各项性能进行检验,检验结果符合相关规定。具体检验结果见表2-6。

表2-6 高效减水剂的各项指标

检测项目	固含量/%	密度/(g/cm^3)	总碱量/%	pH	氯离子含量/%	水泥净浆流动度/mm	减水率/%
检测结果	24.31	1.060	1.2	4.62	0.078	260	22.0

2.1.8 自来水

本书试验用水为郑州市供应自来水,对试验用水进行检测,检测结果见表2-7。

表2-7 水的检测指标结果

检测项目	pH	不溶物/(mg/L)	氯离子含量/(mg/L)	总碱度/(毫克当量/L)	硫酸根含量/(mg/L)	可溶物/(mg/L)
检测结果	6.7	105	161.23	9.0	230.48	1 052

2.2 纳米粒子和 PVA 纤维增强水泥基复合材料配合比设计

2.2.1 配合比设计

为考虑纤维掺量、石英砂粒径、纳米粒子掺量等不同因素对纳米粒子 PVA 纤维水泥基复合材料力学性能的影响，本书试验配合比设计采用固定水胶比及灰砂比，分别改变纤维掺量、石英砂粒径、纳米粒子掺量、纳米粒子类型等因素的方式进行。

本书试验采用水胶比为 0.38，灰砂比为 2。试验采用的纤维为 PVA 纤维，纤维体积掺量分别为 0、0.3%、0.6%、0.9%、1.2%、1.5%。试验采用 4 种不同粒径的石英砂，目数分别是 20~40 目、40~70 目、70~120 目、120~200 目，对应粒径范围分别为 380~830 μm、212~380 μm、120~212 μm、75~120 μm。试验采用两种纳米粒子，分别为纳米 SiO_2 和纳米 $CaCO_3$。纳米 SiO_2 掺量为 0、1.0%、1.5%、2.0%、2.5%，纳米 $CaCO_3$ 掺量为 0、2.0%。

1 m^3 纳米粒子 PVA 纤维水泥基复合材料中各种材料用量见表 2-8。

表 2-8 1 m^3 纳米粒子 PVA 纤维水泥基复合材料中各种材料用量 单位:kg

配合比编号	试验编号	水	水泥	石英砂	粉煤灰	PVA 纤维	纳米粒子	减水剂
S1	M-0-0-b	380	650	500	350	0	0	3
S2	P-0.3-0-b	380	650	500	350	2.73	0	3
S3	P-0.6-0-b	380	650	500	350	5.46	0	3
S4	P-0.9-0-b	380	650	500	350	8.19	0	3
S5	P-1.2-0-b	380	650	500	350	10.92	0	3

续表 2-8

配合比编号	试验编号	水	水泥	石英砂	粉煤灰	PVA纤维	纳米粒子	减水剂
S6	P-1.5-0-b	380	650	500	350	13.65	0	3
S7	N-0-2.0-b	380	637	500	350	0	13	3
S8	PN-0.3-2.0-b	380	637	500	350	2.73	13	3
S9	PN-0.6-2.0-b	380	637	500	350	5.46	13	3
S10	PN-0.9-2.0-b	380	637	500	350	8.19	13	3
S11	PN-1.2-2.0-b	380	637	500	350	10.92	13	3
S12	PN-1.5-2.0-b	380	637	500	350	13.65	13	3
S13	PN-0.9-1.0-b	380	643.5	500	350	8.19	6.5	3
S14	PN-0.9-1.5-b	380	640.25	500	350	8.19	9.75	3
S15	PN-0.9-2.5-b	380	633.75	500	350	8.19	16.25	3
S16	PN-0.9-2.0-a	380	637	500	350	8.19	13	3
S17	PN-0.9-2.0-c	380	637	500	350	8.19	13	3
S18	PN-0.9-2.0-d	380	637	500	350	8.19	13	3
S19	N-0-2.0-b(C)	380	637	500	350	0	13	3
S20	PN-0.9-2.0-b(C)	380	637	500	350	8.19	13	3

注：M代表未掺加纤维和纳米粒子的基准水泥基材料；P代表PVA纤维水泥基材料；PN代表纳米粒子PVA纤维水泥基复合材料；N代表纳米粒子水泥基材料；带有(C)的编号代表掺入的纳米粒子为纳米 $CaCO_3$，其余掺入的纳米粒子为纳米 SiO_2。

第一个数字代表纤维掺量，第二个数字代表纳米粒子掺量，a、b、c、d代表石英砂的4种不同粒径，对应粒径分别为380~830 μm、212~380 μm、120~212 μm、75~120 μm。如PN-0.9-2.0-b代表PVA纤维掺量为0.9%，纳米粒子掺量为2.0%，石英砂粒径为212~380 μm的纳米粒子PVA纤维水泥基复合材料。

2.2.2 试验内容

本书试验在保持纳米粒子PVA纤维水泥基复合材料中所有配合比用水量、水胶比、粉煤灰及石英砂掺量不变的情况下，取5种PVA纤维掺量(0.3%、0.6%、0.9%、1.2%、1.5%)和4种纳米粒子掺量(1.0%、1.5%、2.0%、2.5%)来进行纳米粒子PVA纤维水泥基复合材料的立方体抗压强度试验、轴心抗压强度试验、抗折强度试验、单轴抗拉强度试验、弯曲韧性试验、断裂性能试验、抗冻融性能试验、抗裂性能试验、抗碳化性能试验和抗渗性试验。根据试验内容及具体性能指标，试验内容见表2-9。

表2-9 纳米粒子PVA纤维水泥基复合材料具体试验内容

试验项目	试验龄期/d	各龄期试验个数	试件尺寸/(mm×mm×mm)	试件总数/个
立方体抗压强度	28	3	70.7×70.7×70.7	60
轴心抗压强度	28	3	40×40×160	60
抗折强度	28	3	40×40×160	60
单轴抗拉强度	28	3	305×76×20	60
弯曲韧性试验	28	3	100×100×400	36
断裂性能试验	28	3	100×100×400	60
抗冻融性能试验	28	3	100×100×400	45
抗裂性试验	28	2	900×600×20	30
抗碳化性能试验	28	12	100×100×400	180
抗渗性试验	28	6	175×150×185	90

2.3 试件制备

制备纳米粒子PVA纤维水泥基复合材料过程中的关键问题，

是要保证 PVA 纤维和纳米粒子在基体中能够分散均匀,以获得具有良好力学性能的纳米粒子 PVA 纤维水泥基复合材料。

为达到这一目的,试验前期需要对 PVA 纤维进行手动分散,并在拌和过程中少量分次加入搅拌机中并延长搅拌时间,从而获得纤维分散均匀的水泥基复合材料。

在现有实验室条件下,纳米粒子掺入方法主要是采取与水泥、粉煤灰、石英砂等材料一起在干燥状态下投入搅拌机中,适当延长干拌时间,保证各材料混合均匀。

纳米粒子 PVA 纤维水泥基复合材料成型工艺如图 2-1 所示。

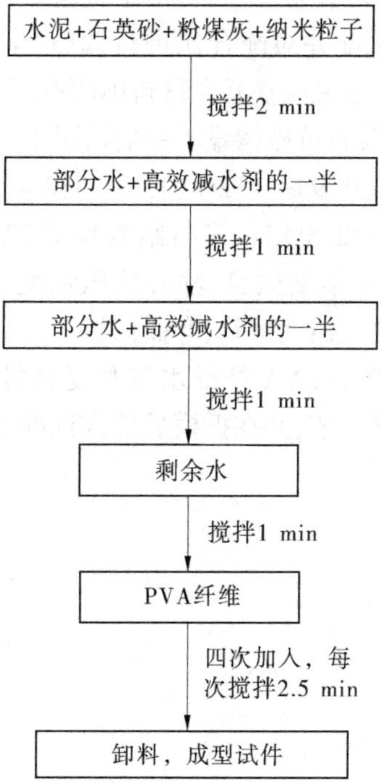

图 2-1　成型工艺

将成型后的试件置于室内阴凉处,经过 24 h 后进行脱模。脱模后将试件放入标准养护室中进行养护,其中标准养护室养护温度为(20±2)℃,湿度为 95%以上。养护到规定龄期后取出并进行相关性能的测定。

2.4 小结

(1)根据相关规范及标准对制备纳米粒子 PVA 纤维水泥基复合材料的各种试验所用原材料进行性能检测,性能检测结果表明,各种原材料性能均符合要求,可用于试验。

(2)通过前期试配并对配合比进行调整,本书试验确定在保持纳米粒子 PVA 纤维水泥基复合材料中所有配合比用水量、水胶比、灰砂比、粉煤灰及石英砂掺量不变的情况下,取 5 种 PVA 纤维掺量(0.3%、0.6%、0.9%、1.2%、1.5%)和 4 种纳米粒子掺量(1.0%、1.5%、2.0%、2.5%)来进行纳米粒子 PVA 纤维水泥基复合材料的立方体抗压强度试验、轴心抗压强度试验、抗折强度试验、折后小立方体抗压强度试验、弯曲韧性试验和断裂性能试验。

(3)根据纳米粒子 PVA 纤维水泥基复合材料各组分材料的特点,确定试块成型工艺,并在拆模后放入标准养护室中养护至规定龄期取出。

第3章　纳米粒子和PVA纤维增强水泥基复合材料工作性

3.1　引　言

水泥基复合材料的工作性是指是否方便施工操作的性能，一般称之为和易性。和易性包括流动性、黏聚性及保水性三个方面。流动性是指水泥基复合材料在自身质量或试验振捣的综合作用下产生流动，并均匀且密实地填满试模的性能。黏聚性也称抗离析性，指水泥基复合材料在浇筑及运输的过程中不会出现分层或者离析，使水泥基复合材料保持整体均匀、性质稳定的性能。保水性指水泥基复合材料或混凝土具有一定保持水分并防止水分泌出的能力。目前，还没有确切的指标能全面地反映水泥基复合材料的和易性，评价流动性的方法一般可参考相关规范，通过相关试验方法测定来定量地测量拌和物的流动性；而评价黏聚性和保水性的方法，一般是根据经验，通过对试验中拌好的水泥基复合材料的观察来定性地判断或评定其黏聚性和保水性。

3.2　工作性测定

到目前为止，还没有确切的指标能够全面、准确地反映纳米粒子PVA纤维水泥基复合材料拌和物工作性的指标。本书试验借鉴高淑玲博士采用测量水泥基复合材料坍落扩展度的方法，来评价纳米粒子和 PVA 纤维增强水泥基复合材料的工作性。

使用标准坍落度筒来完成坍落扩展度试验，坍落度筒的高度为 300 mm，坍落度筒的上部直径、下部直径分别为 100 mm、200 mm。使用坍落度筒测量坍落扩展度的具体方法如下：试验前将一块平整的铁板放置在一块平整的地面上，然后用清水湿润坍落度筒和铁板，保持坍落度筒的内壁和铁板上湿润但又无积水；测定坍落度时，将坍落度筒置于试验所用的平整铁板上，双脚踏紧坍落筒的踏板并用双手紧握坍落度筒的把手，保持坍落度桶的稳定。然后将所制备的水泥基复合材料分三次装入坍落度筒内，每次装入坍落度筒内的水泥基复合材料的量应大致相同；每装一次用捣棒在筒内由外向内按螺旋形均匀振捣 25 次，底层振捣时应用力插至平板上，中上层振捣时应分别插入其下层 2~3 cm 处，保证坍落度筒内水泥基复合材料的均匀、密实。当最上层振捣完毕后，用抹刀刮去筒口多余的水泥基复合材料，抹平表面并清除干净坍落度筒周围铁板上的水泥基复合材料，然后在 5~10 s 内竖直平稳地提起坍落度筒，水泥基复合材料在重力作用下开始扩展。在水泥基复合材料扩展时，应保证铁板的稳定并防止铁板发生震动，影响水泥基复合材料的坍落扩展度。当水泥基复合材料不再扩展时，测量水泥基复合材料扩展后形成的圆面在两个垂直方向上的直径，最终将其直径的平均值作为该配合比水泥基复合材料的坍落扩展度。

纳米粒子和 PVA 纤维增强水泥基复合材料坍落扩展度试验结果如表 3-1 所示。

表 3-1　纳米粒子 PVA 纤维水泥基复合材料工作性试验结果

配合比编号	试验编号	坍落扩展度/(mm×mm)	平均值/cm
S1	M-0-0-b	720×730	72.5
S2	P-0.3-0-b	600×610	60.5
S3	P-0.6-0-b	490×500	49.5
S4	P-0.9-0-b	370×390	38.0
S5	P-1.2-0-b	350×360	35.5
S6	P-1.5-0-b	270×290	28.0
S7	N-0-2.0-b	550×570	56.0
S8	PN-0.3-2.0-b	420×430	42.5
S9	PN-0.6-2.0-b	350×370	36.0
S10	PN-0.9-2.0-b	310×330	32.0
S11	PN-1.2-2.0-b	240×250	24.5
S12	PN-1.5-2.0-b	230×230	23.0
S13	PN-0.9-1.0-b	340×360	35.0
S14	PN-0.9-1.5-b	330×340	33.5
S15	PN-0.9-2.5-b	280×290	28.5
S16	PN-0.9-2.0-a	330×340	33.5
S17	PN-0.9-2.0-c	240×250	24.5
S18	PN-0.9-2.0-d	200×220	21.0
S19	N-0-2.0-b(C)	360×370	36.5
S20	PN-0.9-2.0-b(C)	300×310	30.5

3.3 PVA纤维对水泥基复合材料工作性的影响

由表3-1和图3-1可看出未掺加纳米SiO_2及纳米SiO_2掺量为2.0%时水泥基复合材料的坍落扩展度随着PVA纤维掺量增加的变化情况。其中,图3-1中黑色柱表示配合比S1~S6即未掺加纳米SiO_2时水泥基复合材料的坍落扩展度随纤维掺量变化情况,灰色柱表示配合比S7~S12即掺加纳米SiO_2粒子时水泥基复合材料的坍落扩展度随纤维掺量的变化情况。未掺加纳米SiO_2粒子时,当纤维掺量由0增加到1.5%时,水泥基复合材料的坍落扩展度从72.5 cm减小到28.0 cm,减少了61.38%。掺加纳米SiO_2粒子后,随着PVA纤维掺量增加至1.5%,纳米粒子水泥基复合材料的坍落扩展度从56.0 cm减少到了23.0 cm,减少了58.92%。在纳米$CaCO_3$掺量为2.0%的情况下,随着PVA纤维的掺量由0增加到0.9%,纳米粒子水泥基复合材料的坍落扩展度由36.5 cm减小到30.5 cm,减小了16.44%。

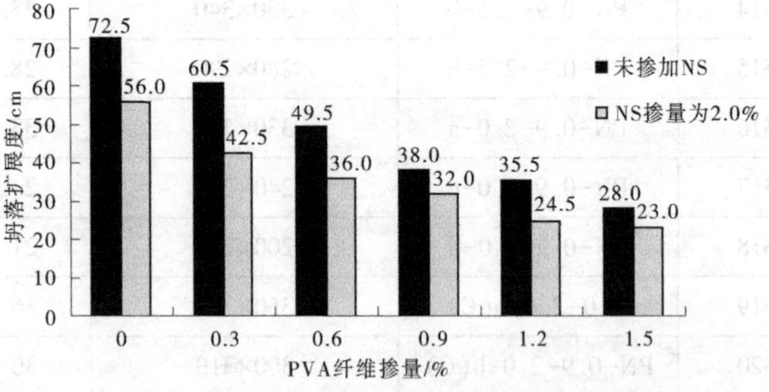

图3-1 不同PVA纤维掺量对工作性的影响

当水泥基材料基体内加入纤维时,材料内孔隙将会增多,整体均匀性变差,因此其流动性降低。随着PVA纤维掺量的增加,包裹纤维所需要的水泥浆体增加,使得流动性进一步减小。主要原因是由于PVA纤维具有亲水性,其分子式中有一个羟基,使得PVA纤维表面能够吸附大量的自由水,从而造成流动性降低。图3-2为掺加PVA纤维后流动性降低的微观机制。掺入纳米$CaCO_3$时,PVA纤维掺量后对水泥基复合材料坍落扩展度的影响也符合此规律。

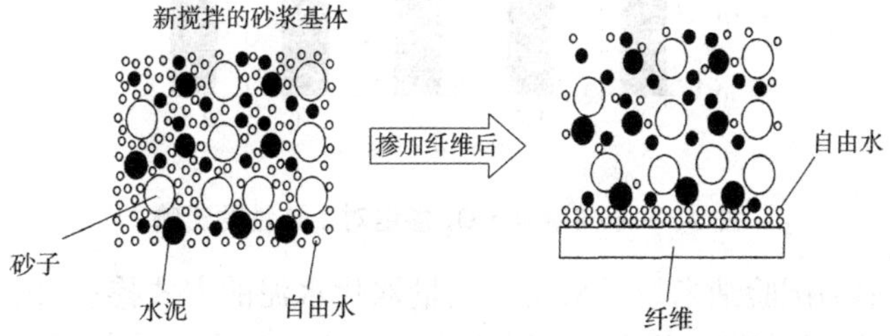

图3-2 掺加PVA纤维后流动性降低的微观机制图

3.4 纳米粒子对PVA纤维水泥基复合材料工作性的影响

由表3-1和图3-3可看出,当PVA纤维掺量固定时水泥基复合材料的坍落扩展度随着纳米SiO_2的掺量增加的变化情况。当PVA纤维水泥基复合材料中掺入纳米SiO_2后,水泥基复合材料的坍落扩展度减小了,且随着其掺量增加而逐渐减小。从图3-3可看出,配合比S4、S13、S14、S10、S15坍落扩展度变化情况。当纤维掺量固定为0.9%时,随纳米SiO_2掺量从0增加到2.5%水泥基复合材料坍落扩展度由38.0 cm减小到28.5 cm,减小了25%。另外,表3-1中的配合比S10、S20为纤维掺量固定为0.9%,纳米

$CaCO_3$ 粒子掺量为0和2.0%时，PVA纤维水泥基复合材料的坍落扩展度由38.0 cm降低到了30.5 cm。试验表明纳米粒子的掺入降低了PVA纤维水泥基复合材料的坍落扩展度，且纳米粒子掺量越大，其坍落扩展度降低越显著。

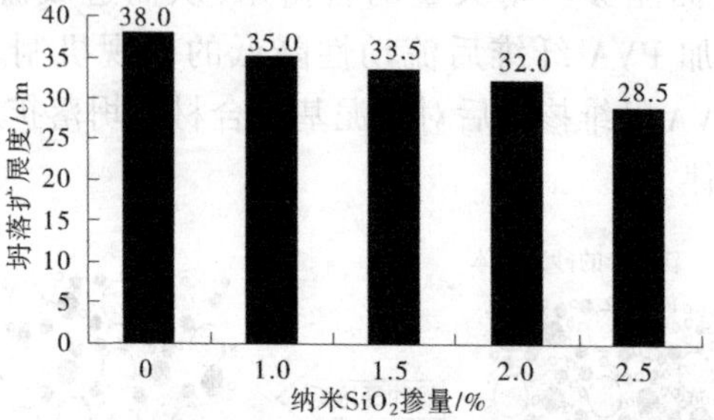

图 3-3　不同纳米 SiO_2 掺量对工作性的影响

本书试验纳米粒子采用等质量取代水泥的方式掺入，由于纳米粒子颗粒极细，当部分水泥被纳米粒子取代时，混合体系的比表面积增大，且掺量越大，混合体系的比表面积就越大。在水泥基复合材料拌和物中，一部分水为填充水，它们填充在拌和物空隙中，对拌和物流动性影响不大；另一部分水为表层吸附水，这部分水在胶凝材料表面形成水膜，其厚度对拌和物的流动性起着重要作用。表层吸附水量多少与混合体系比表面积有关，比表面积越大表层吸附水量越大。纳米 SiO_2 粒子颗粒很小，可以充分填充在混合体系的空隙中，从而减少填充水的用量，另外由于混合体系比表面积增大而使表层吸附水的用量增加。随着纳米 SiO_2 粒子的掺量逐渐增加，混合体系的比表面积也逐渐增加，由此引起的表层吸附水的用量需求要多于降低的填充水，因此使得水泥基复合材料流动性降低，坍落扩展度逐渐减小。纳米 $CaCO_3$ 掺入后对水泥基复合材料坍落扩展度的影响也符合此规律。

3.5　石英砂粒径对水泥基复合材料工作性的影响

由表 3-1 和图 3-4 可看出，当 PVA 纤维及纳米 SiO_2 粒子掺量固定时，水泥基复合材料的坍落扩展度随着石英砂粒径变化的变化情况。随着纳米粒子 PVA 纤维水泥基复合材料中石英砂粒径的逐渐减小，水泥基复合材料坍落扩展度的值也逐渐减小。从图 3-4 可以看出，当 PVA 纤维掺量固定为 0.9%，纳米 SiO_2 掺量固定为 2.0%时，随着石英砂粒径减小，水泥基复合材料的坍落扩展度分别为 33.5 cm、32.0 cm、24.5 cm、21.0 cm，相比 S16，分别减小了 4.5%、26.8%、37.3%。试验结果表明，随着石英砂粒径的逐渐减小，纳米粒子 PVA 纤维水泥基复合材料的工作性逐渐降低。随着石英砂粒径的逐渐减小，石英砂比表面积逐渐增加，表面吸附的水量增大，使得水泥基复合材料的工作性逐渐降低。

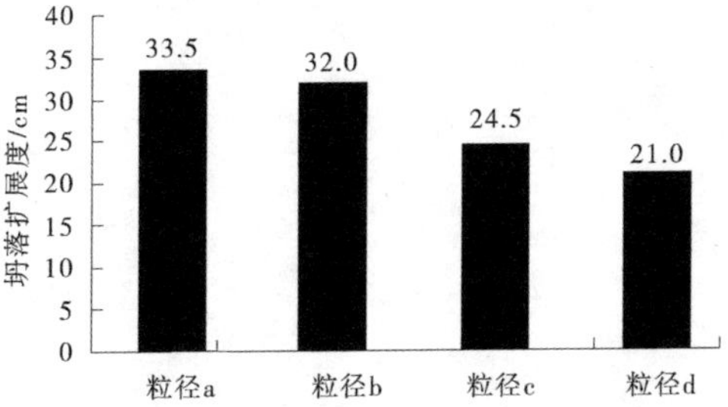

图 3-4　不同石英砂粒径对工作性的影响

3.6　小　结

(1)水泥基复合材料中掺入 PVA 纤维后，使得 PVA 纤维水泥基复合材料的工作性有所降低，且随着 PVA 纤维的掺量增大，PVA 纤维水泥基复合材料的工作性降低得越显著。

(2)PVA 纤维水泥基复合材料中掺入纳米 SiO_2 后，使得纳米粒子 PVA 纤维水泥基复合材料的工作性有所降低，且纳米 SiO_2 掺量越大，纳米粒子 PVA 纤维水泥基复合材料的工作性降低得越显著。纳米 $CaCO_3$ 对纳米粒子 PVA 纤维水泥基复合材料工作性的影响也符合上述规律。

(3)纳米粒子 PVA 纤维水泥基复合材料的工作性随着石英砂粒径的逐渐减小也呈现逐渐降低的趋势。

第4章　纳米粒子和PVA纤维增强水泥基复合材料抗压性能

4.1 引　言

本书试验结合实际工程、试验材料及实验室条件综合考虑，分别采用3种不同尺寸的试件来研究纳米粒子PVA纤维水泥基复合材料的抗压性能，其中包括《钢丝网水泥用砂浆力学性能试验方法》(GB/T 7897—2008)中轴心抗压试验部分所规定的试件尺寸(40 mm×40 mm×160 mm)和该方法中抗压强度试验部分所规定的采用抗折强度试验折断后一半试件所对应尺寸(承压面为40 mm×40 mm)以及《建筑砂浆基本性能试验方法标准》(JGJ 70—2009)中抗压强度试验部分所规定的试件尺寸(70.7 mm×70.7 mm×70.7 mm)。

4.2　试验概况

根据试验配合比，每组配合比浇筑40 mm×40 mm×160 mm棱柱体水泥基复合材料试件6个，其中3个用于测定棱柱体轴心抗压强度，剩余3个先进行抗折强度试验，然后取折断后的一半试件进行抗压强度试验，测定承压面为40 mm×40 mm的小立方体抗压强度。另外，每组配合比需要同时浇筑3个70.7 mm×70.7 mm×70.7 mm立方体水泥基复合材料试件。试件浇筑完成后在标准养护室里养护28 d后取出并进行相关试验。

4.2.1 立方体抗压强度试验

立方体抗压强度试件尺寸为 70.7 mm×70.7 mm×70.7 mm，每组试验所用试件数为 3 个。

试验前将试块表面擦拭干净，并对其外观进行检查。试验采用上海新三思计量仪器制造有限公司生产的 600 kN 微机控制电液伺服万能试验机进行，将试件放置在试验机的下压板上，并对试件进行对中。试验加载过程应均匀并且连续，加载速率应保持在 0.25~1.5 kN/s，待试件破坏后，记录其破坏荷载。

立方体抗压强度按下式计算：

$$f_{m,cu} = \frac{N_u}{A} \tag{4-1}$$

式中：$f_{m,cu}$ 为立方体抗压强度，MPa；N_u 为试件破坏荷载，N；A 为承压面面积，mm^2。

4.2.2 轴心抗压强度试验

轴心抗压强度，采用棱柱体试件尺寸为 40 mm×40 mm×160 mm，每组试验所用试件数为 3 个。

试验前将试块表面擦拭干净，并对其外观进行检查。测量试件尺寸，试验要求试件每 100 mm 的不平度不得超过±0.05 mm，且承压面与其相邻面的不垂直度不得超过±1°。若试件外观不满足相关要求，需用细砂纸对其进行打磨处理，直至满足试验要求。试验采用上海新三思计量仪器制造有限公司生产的 600 kN 微机控制电液伺服万能试验机进行，将试件竖放置于试验机上，并使其对中，采用力控模式，加载速率为 1 kN/s，试件破坏后记录其破坏荷载。

轴心抗压强度按下式计算,取值精确到 0. 1 MPa:

$$f_{cp} = \frac{F}{A} \tag{4-2}$$

式中: f_{cp} 为轴心抗压强度,MPa;F 为试件破坏荷载,N;A 为承压面面积,mm^2,其值为 40 mm×40 mm = 1 600 mm^2。

4. 2. 3　抗折强度后小立方体抗压强度试验

抗折强度折断后的小立方体试件抗压强度测定采用折断后的一半试件进行,受压面面积为 40 mm×40 mm,试验所用试件个数为 3 个,分属于一组抗折试验的 3 个棱柱体试块的一半。

抗折强度试验后应立即进行抗压强度试验,首先将试块表面擦拭干净,并对其外观进行检查。试验要求试件每 100 mm 的不平度不得超过±0. 05 mm,且承压面与其相邻面的不垂直度不得超过±1°。试验采用无锡市锡威仪器机械厂生产的 YWE-300 型横加载压力试验机,采用力控制模式,加载速率为 2. 4 kN/s,试验过程由微机控制,可保证加荷的连续和均匀,直至试件破坏,记录最大荷载。

其中抗压强度的计算按照下式计算:

$$R_c = \frac{F_c}{A} \tag{4-3}$$

式中:R_c 为抗压强度,MPa;F_c 为最大破坏荷载,N;A 为承压面面积,mm^2,其值为 40 mm×40 mm = 1 600 mm^2。

根据上述试验方法测定不同尺寸纳米粒子 PVA 纤维水泥基复合材料抗压强度进行测定,并对试验结果进行分析。

试验现场图如图 4-1~图 4-3 所示。

图 4-1 立方体抗压强度试验

图 4-2 轴心抗压强度试验

图 4-3 小立方体抗压强度试验

4.3　PVA 纤维对水泥基复合材料抗压性能的影响

纤维掺量变化时不同尺寸试件纳米粒子 PVA 纤维水泥基复合材料抗压强度试验结果如表 4-1 所示。

表 4-1　PVA 纤维掺量不同时抗压强度试验结果

试验编号	立方体抗压荷载/kN	立方体抗压强度/MPa	轴心抗压荷载/kN	轴心抗压强度/MPa	小立方体抗压荷载/kN	小立方体抗压强度/MPa
M-0-0-b	311.33	62.3	37.98	23.7	87.72	54.8
P-0.3-0-b	323.95	64.8	59.53	37.2	89.68	56.0
P-0.6-0-b	336.57	67.3	67.36	42.1	95.66	59.8
P-0.9-0-b	308.96	61.8	65.60	41.0	85.19	53.2
P-1.2-0-b	321.03	64.2	67.19	42.0	87.63	54.8
P-1.5-0-b	313.23	62.7	59.61	37.3	84.32	52.7
N-0-2.0-b	297.58	59.5	41.41	25.9	84.49	52.8
PN-0.3-2.0-b	309.11	61.8	53.29	33.3	88.87	55.5
PN-0.6-2.0-b	321.27	64.3	64.96	40.6	92.12	57.6
PN-0.9-2.0-b	281.35	56.3	60.33	37.7	72.67	45.4
PN-1.2-2.0-b	289.86	58.0	61.92	38.7	74.82	46.8
PN-1.5-2.0-b	274.33	54.9	56.94	35.6	71.50	44.7
N-0-2.0-b(C)	290.95	58.2	36.80	23.0	76.06	47.5
PN-0.9-2.0-b(C)	174.54	34.9	28.15	17.6	45.56	28.5

PVA 纤维掺量变化对 70.7 mm×70.7 mm×70.7 mm 立方体抗压强度影响如表 4-1 和图 4-4、图 4-5 所示。

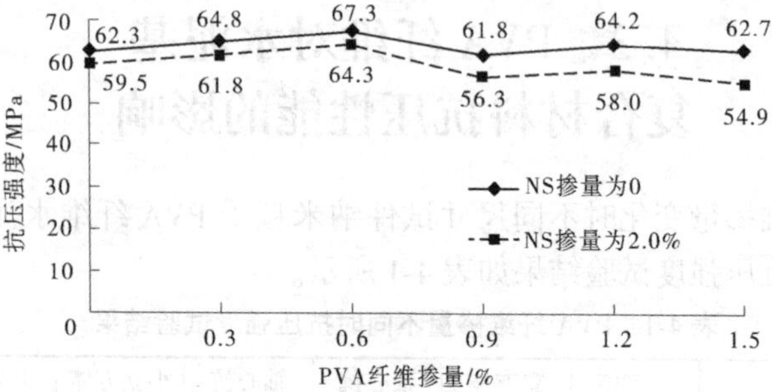

图 4-4 不同 PVA 纤维掺量对立方体抗压强度的影响

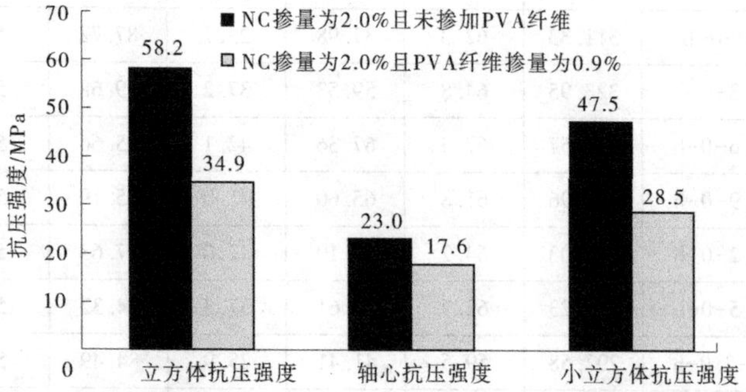

图 4-5 PVA 纤维掺量对纳米 $CaCO_3$ 水泥基复合材料抗压强度的影响

当未掺加纳米粒子时，随着 PVA 纤维掺量由 0 增加到 0.6%时，PVA 纤维水泥基复合材料的立方体抗压强度由 62.3 MPa 增加到 67.3 MPa，增加了 8.02%。随着纤维掺量的继续增加，抗压强度开始下降。当纤维掺量增加到 0.9%时，其立方体抗压强度降为 61.8 MPa，且随着 PVA 纤维掺量继续增大至 1.5%，抗压强度呈现先增大后减小的趋势，但增减幅度均较小。当纳米 SiO_2 掺量固定为 2.0%时，随着 PVA 纤维掺量由 0 增加到 0.6%时，纳米粒子 PVA 纤维水泥基复合材料的立方体抗压强度由 59.5 MPa 增加到 64.3 MPa，增加了 8.07%。随着纤维掺量的继续增加，抗压强度开始下降。当纤维掺量增加到0.9%时，其立方体抗压强度56.3 MPa，且随着PVA纤维掺量的继续增大至1.5%，抗压强度呈现先增大后减小的趋势，但增减幅度均较小。当纳米$CaCO_3$掺量固定为2.0%时，纤维掺量增加到0.9%，其立方体抗压强度由58.2 MPa减小到34.9 MPa，减少了40%左右。

PVA纤维掺量变化对40 mm×40 mm×160 mm轴心抗压强度影响如表4-1、图4-5和图4-6所示。

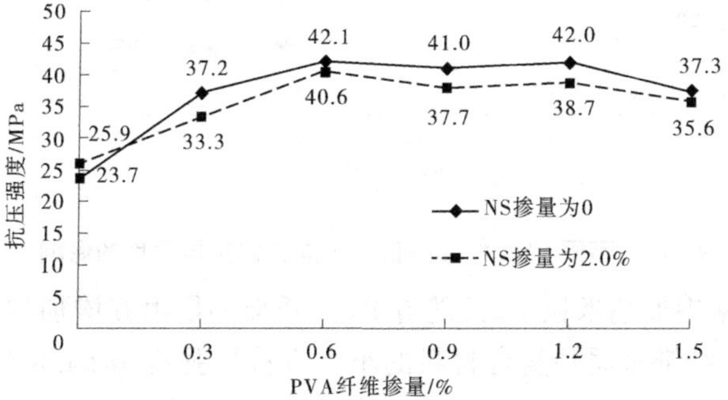

图4-6　不同PVA纤维掺量对轴心抗压强度的影响

当未掺加纳米粒子时，随着PVA纤维掺量由0增加到0.6%时，PVA纤维水泥基复合材料的轴心抗压强度由23.7 MPa增加到42.1 MPa，增加了77.64%。当纤维掺量增加到0.9%时，其轴心抗压强度降为41.0 MPa，且随着PVA纤维掺量继续增大至1.5%，抗压强度呈现先增大后减小的趋势，但增减幅度均较小。当纳米SiO_2掺量固定为2.0%时，随着PVA纤维掺量由0增加到0.6%时，PVA纤维水泥基复合材料的轴心抗压强度由25.9 MPa增加到40.6 MPa，增加了56.76%。当纤维掺量增加到0.9%时，其轴心抗压强度降为37.7 MPa，且随着PVA纤维掺量继续增大至1.5%，抗压强度呈现先增大后减小的趋势，但增减幅度均较小。当纳米$CaCO_3$掺量固定为2.0%时，纤维掺量增加到0.9%，其轴心抗压强度由 23.0 MPa 减小到 17.6 MPa,减少了 23.5%左右。

PVA 纤维掺量变化对抗折试验后小立方体抗压强度影响如表 4-1、图 4-5 和图 4-7 所示。

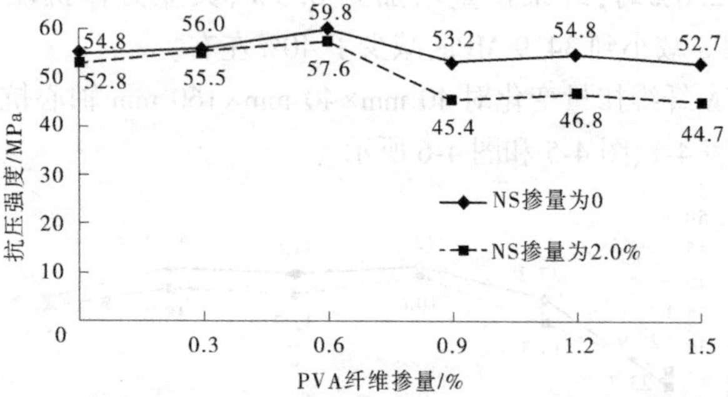

图 4-7　不同 PVA 纤维掺量对小立方体抗压强度的影响

当未掺加纳米粒子时,随着 PVA 纤维掺量由 0 增加到 0.6%时,PVA 纤维水泥基复合材料的小立方抗压强度由 54.8 MPa 增加到 59.8 MPa,增加了 9.12%。当纤维掺量增加到 0.9%,其轴心抗压强度降为 53.2 MPa,且随着 PVA 纤维掺量继续增大至 1.5%,抗压强度呈现先增大后减小的趋势,但增减幅度均较小。当纳米 SiO_2 掺量固定为 2.0%时,随着 PVA 纤维掺量由 0 增加到 0.6%时,PVA 纤维水泥基复合材料的轴心抗压强度由 52.8 MPa 增加到 57.6 MPa,增加了 9.09%。当纤维掺量增加到 0.9%,其轴心抗压强度降为 45.4 MPa,且随着 PVA 纤维掺量继续增大至 1.5%,抗压强度呈现先增大后减小的趋势,但增减幅度均较小。当纳米 $CaCO_3$ 掺量固定为 2.0%时,纤维掺量增加到 0.9%时,其轴心抗压强度由 47.5 MPa 减小到 28.5 MPa,减少了 40%左右。

根据上述分析可知,PVA 纤维掺量变化对水泥基复合材料不同尺寸试件的抗压强度影响呈现较为一致的趋势。无论是否掺加纳米粒子,当纤维掺量在 0~0.6%的范围内增加时,不同尺寸试件的抗压强度均呈现增大的趋势，当纤维掺量增至 0.9%时，试件抗压强度开始下降，随着纤维掺量的继续增长，抗压强度虽然呈现先增加后减小的趋势，但其增减幅度均较小，且均低于掺量为 0.6%时测得的各抗压强度值。这是由于纤维具有阻裂作用，在掺量较小的范围内，PVA 纤维在基体受压的过程中起到了限制试件横向变形以及裂缝的滑移和发展的作用，使得其试件的承载能力有所提高。但随着纤维掺量的继续增加，基体内大量纤维的存在会导致基体内部孔隙增多，增加了基体内部的初始缺陷。这些初始缺陷主要包括浇筑时振捣不充分形成的初始空洞和位于纤维与基体间以及纤维间界面上的初始微裂缝。基体内部初始缺陷增多导致了其承载能力下降。

4.4　纳米粒子对 PVA 纤维水泥基复合材料抗压性能的影响

纳米粒子掺量变化时不同尺寸试件纳米粒子 PVA 纤维水泥基复合材料抗压强度试验结果如表 4-2 所示。

表 4-2　纳米粒子掺量变化时抗压强度试验结果

试验编号	立方体抗压荷载/kN	立方体抗压强度/MPa	棱柱体抗压荷载/kN	棱柱体抗压强度/MPa	小立方体抗压荷载/kN	小立方体抗压强度/MPa
P-0.9-0-b	308.96	61.8	65.60	41.0	85.19	53.2
PN-0.9-1.0-b	358.28	71.7	72.46	45.3	92.48	57.8
PN-0.9-1.5-b	347.49	69.5	69.27	43.3	85.86	53.7
PN-0.9-2.0-b	281.35	56.3	60.33	37.7	72.67	45.4
PN-0.9-2.5-b	276.69	55.4	56.22	35.1	71.75	44.8
PN-0.9-2.0-b(C)	174.54	34.9	28.15	17.6	45.60	28.5

当纤维掺量固定为0.9%时，纳米SiO_2掺量变化对纳米粒子水泥基复合材料不同尺寸试件抗压强度的影响如表4-2和图4-8所示。

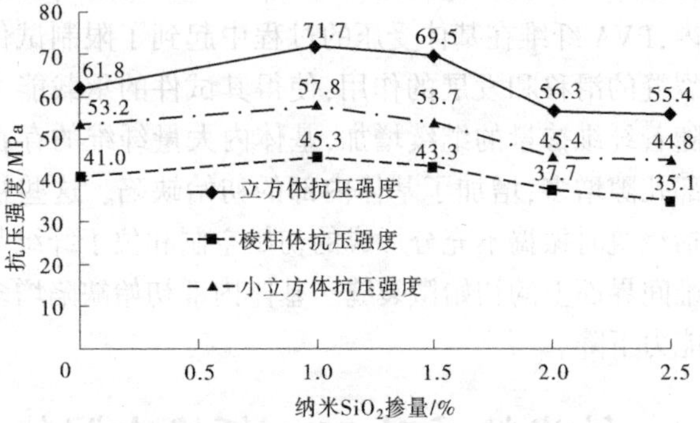

图4-8　不同纳米SiO_2掺量对抗压强度的影响

随着纳米SiO_2掺量增加，不同尺寸试件抗压强度均呈现先增大后减小的趋势，在纳米SiO_2掺量为1.0%时，达到抗压强度最大值。当纳米SiO_2掺量由0增加至1.0%时，70.7 mm×70.7 mm×70.7 mm立方体试件抗压强度由61.8 MPa增加至71.7 MPa，增加了16.02%；40 mm×40 mm×160 mm轴心抗压强度由41.0 MPa增加至45.3 MPa，增加了10.49%。截面为40 mm×40 mm小立方体抗压强度由53.2 MPa增加至57.8 MPa，增加了8.65%。随着纳米SiO_2掺量继续增加至2.5%，抗压强度均呈现逐渐减小趋势。在一定的掺量范围内(0~10%)随着纳米SiO_2的掺入，水泥基复合材料的抗压强度呈现逐渐增长趋势，这是由于纳米材料的掺入提高了水泥基材料的密实度，从而使其抗压强度有所提高。但随着纳米SiO_2掺量的继续增大，其抗压强度却呈现下降趋势，其原因还需要进一步分析。

当纤维掺量固定为0.9%时，纳米 $CaCO_3$ 掺量对水泥基复合材料不同尺寸试件抗压强度的影响如表4-2和图4-9所示。

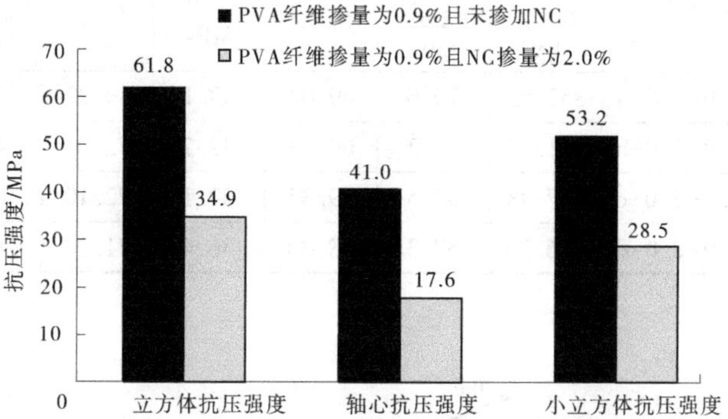

图4-9　纳米 $CaCO_3$ 掺量对抗压强度的影响

当纳米 $CaCO_3$ 掺量增加到2.0%，不同尺寸试件立方体抗压强度均呈现下降趋势。70.7 mm×70.7 mm×70.7 mm立方体试件抗压强度由61.8 MPa减少至34.9 MPa，减少了43.53%；40 mm×40 mm×160 mm轴心抗压强度由41.0 MPa减少至17.6 MPa，减少了57.07%。截面为40 mm×40 mm小立方体抗压强度由53.2 MPa减少至28.5 MPa，减少了46.43%。

4.5　石英砂粒径对水泥基复合材料抗压性能的影响

石英砂粒径变化时不同尺寸试件纳米粒子PVA纤维水泥基复合材料抗压强度试验结果如表4-3所示。

当纤维掺量固定为0.9%时，纳米 SiO_2 掺量固定为2.0%时石英砂粒径变化对纳米粒子PVA纤维水泥基复合材料不同尺寸试件抗压强度的影响如表4-3和图4-10所示。

表4-3 石英砂粒径变化时抗压强度试验结果

试验编号	立方体抗压荷载/kN	立方体抗压强度/MPa	轴心抗压荷载/kN	轴心抗压强度/MPa	小立方体抗压荷载/kN	小立方体抗压强度/MPa
PN-0.9-2.0-a	352.65	70.6	69.04	43.1	89.22	55.8
PN-0.9-2.0-b	281.35	56.3	60.33	37.7	72.67	45.4
PN-0.9-2.0-c	287.48	57.5	59.37	37.1	72.10	45.1
PN-0.9-2.0-d	286.30	57.3	58.30	36.4	71.38	44.6

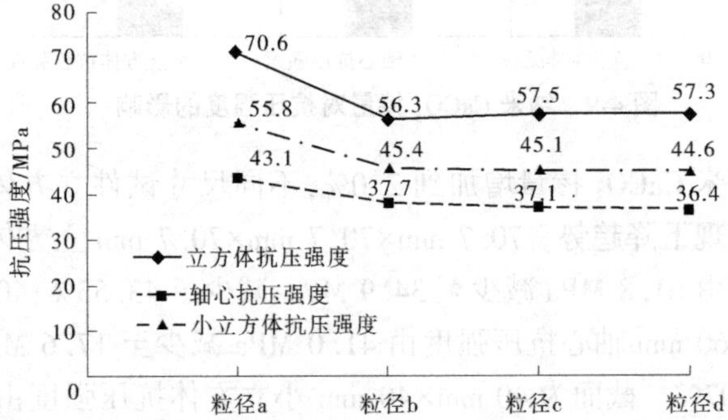

图4-10 不同石英砂粒径对抗压强度的影响

当石英砂粒径最大时,不同尺寸试件的抗压强度均达到了最大值,随着石英砂粒径的逐渐减小,抗压强度基本呈现减小趋势。70.7 mm×70.7 mm×70.7 mm立方体对应4种粒径的抗压强度分别为70.6 MPa、56.3 MPa、57.5 MPa、57.3 MPa,40 mm×40 mm×160 mm棱柱体对应4种粒径的抗压强度分别为43.1 MPa、37.7 MPa、37.1 MPa、36.4 MPa,截面为40 mm×40 mm的小立方体对应4种粒径的抗压强度分别为55.8 MPa、45.4 MPa、45.1 MPa、44.6 MPa。随着石英砂粒径的继续减小,不同尺寸试件的抗压强度均低于粒径最大时试件的抗压强度,且变化幅度很小。

4.6 小　结

本章通过纳米粒子PVA纤维水泥基复合材料抗压性能试验，研究了PVA纤维掺量，纳米粒子掺量、种类以及石英砂粒径对其立方体抗压强度、棱柱体抗压强度和小立方体抗压强度的影响。得到的主要结论如下：

(1)PVA纤维掺入后，纳米粒子PVA纤维水泥基复合材料的抗压性能仅在PVA纤维掺量较小的范围内有所增加，随着纤维掺量继续增大，其抗压性能逐渐下降。

(2)纳米SiO_2掺入PVA纤维水泥基复合材料时，可在一定范围内使得纳米粒子水泥基复合材料的抗压强度有所提升，随着纳米SiO_2掺量的继续增加，纳米粒子PVA纤维水泥基复合材料的抗压强度均呈现下降趋势。与掺加纳米SiO_2的纳米粒子PVA纤维水泥基复合材料相比，掺加纳米$CaCO_3$后材料的抗压强度均有所下降。

(3)当改变纳米粒子PVA纤维水泥基复合材料中石英砂粒径时，其抗压强度随着石英砂粒径的减小均呈现下降趋势。

第 5 章　纳米粒子和 PVA 纤维增强水泥基复合材料抗折性能

5.1　引　言

抗折强度又称抗弯强度、抗弯拉强度、断裂模量，是指材料单位面积承受弯矩时的极限折断应力，材料抵抗弯曲不断裂的能力。混凝土构件大多是受弯构件，抗折强度能较好地反映混凝土的抗弯性能。抗折强度是路面、道面等工程设计与工程质量检验和验收的重要标准。目前关于 PVA 纤维增强水泥基复合材料、纳米粒子增强水泥基复合材料抗折性能影响的研究成果较多，而对于纳米粒子和 PVA 纤维协同增强水泥基复合材料抗折性能方面的研究成果较缺乏。因而，本书通过水泥基复合材料抗折性能试验研究了单掺 PVA 纤维、纳米 SiO_2 和纳米 $CaCO_3$，以及复掺纳米粒子和 PVA 纤维对水泥基复合材料抗折性能的影响。

5.2　抗折性能试验方法

根据试验配合比，每组配合比浇筑 40 mm×40 mm×160 mm 棱柱体水泥基复合材料试件 3 个用于进行抗折性能试验。试件浇筑成型后经标准养护 28 d 后，取出并进行抗折强度试验。试验所用仪器为无锡建仪仪器机械有限公司制造的 DKZ-5000 型电动抗折试验机。

试验前需先将试块擦拭干净,并检查其外观是否有明显缺陷,测量其尺寸。根据相关规范要求,试验要求试件每 100 mm 的不平度不得超过±0. 05 mm,且承压面与其相邻面的不垂直度不得超过±1°,若检验后试件满足要求,即可开始试验。

试验开始前接通试验机电源,并对试验机进行调节从而满足试验要求。将试件放入抗折夹具中,转动夹具下方手轮,使得加荷轴与试块相接触,调节大杠杆至适当角度后按下启动开关,试验机开始加荷,当试件断裂后可从游标刻线和标尺上读取破坏荷载。

抗折强度按下式计算:

$$R_f = \frac{1.5F_f L}{b^3} \tag{5-1}$$

$$R_f = 0.234 \times 10^{-2} F_f \tag{5-2}$$

式中:R_f 为抗折强度,MPa;F_f 为破坏时荷载,N;L 为支撑圆柱间的距离,取 100 mm;b 为棱柱体截面边长,取 40 mm。

根据上述试验方法对纳米粒子和 PVA 纤维水泥基复合材料抗折强度进行测定,并对试验结果进行分析。

5.3　PVA 纤维对水泥基复合材料抗折性能的影响

纤维掺量变化时水泥基复合材料抗折强度试验结果如表 5-1 所示。

PVA 纤维掺量变化对水泥基复合材料抗折强度影响如表 5-1 和图 5-1、图 5-2 所示。

表 5-1　PVA 纤维掺量变化时抗折强度试验结果　　单位:MPa

试验编号	抗折强度			
	1	2	3	平均值
M-0-0-b	5.58	4.97	5.07	5.21
P-0.3-0-b	6.36	5.61	5.75	5.91
P-0.6-0-b	6.80	6.37	6.24	6.47
P-0.9-0-b	7.15	7.23	7.40	7.26
P-1.2-0-b	11.02	9.72	9.63	10.12
P-1.5-0-b	11.02	11.62	10.20	10.95
N-0-2.0-b	4.83	5.31	5.03	5.06
PN-0.3-2.0-b	5.45	5.07	5.65	5.39
PN-0.6-2.0-b	6.03	6.70	6.46	6.40
PN-0.9-2.0-b	7.45	6.57	7.10	7.04
PN-1.2-2.0-b	7.50	8.58	9.30	8.46
PN-1.5-2.0-b	11.75	10.41	11.34	11.17
N-0-2.0-b(C)	4.00	4.13	4.52	4.22
PN-0.9-2.0-b(C)	5.60	6.06	5.34	5.67

当未掺加纳米 SiO_2 时,随着纤维掺量由 0 逐渐增加到 0.3%、0.6%、0.9%、1.2%、1.5%,水泥基复合材料的抗折强度分别由 5.21 MPa 增加至 5.91 MPa、6.47 MPa、7.26 MPa、10.12 MPa、10.95 MPa,分别增加了 13.44%、24.18%、39.35%、94.24%、110.17%。当纳米 SiO_2 掺量为..0%的情况下,随着纤维掺量由 0 增加到 0.3%、0.6%、0.9%、1.2%、1.5%,水泥基复合材料的抗折强度分别由 5.06 MPa 增加至 5.39 MPa、6.40 MPa、7.04 MPa、8.46 MPa、11.17 MPa,分别增加了 6.52%、26.48%、39.13%、67.19%、120.75%。当采用纳米 $CaCO_3$ 掺量 2.0%时,与未掺纤维配合比相比,纤维掺量为 0.9%时,水泥基复合材料抗折强度由

4.22 MPa 增加至 5.67 MPa，增加了 34.36%。由此可见，随着纤维掺量的增加，水泥基复合材料的抗折性能逐渐提高。

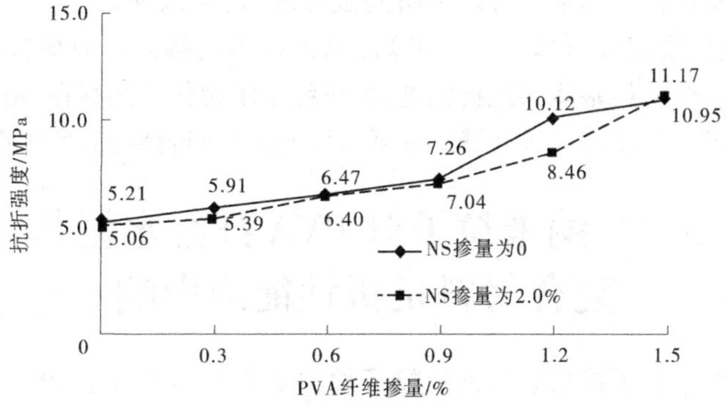

图 5-1　不同 PVA 纤维掺量对抗折强度的影响

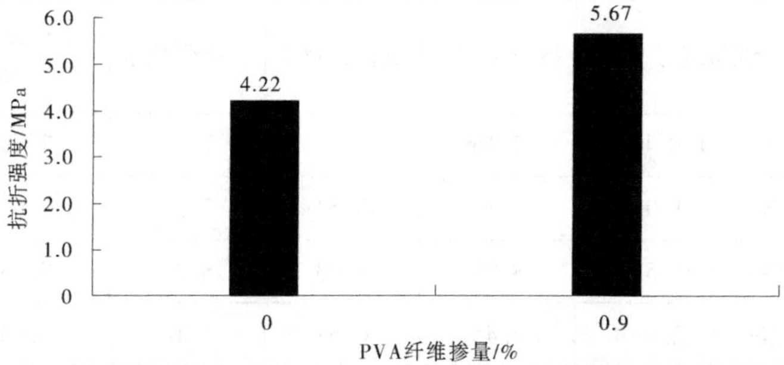

图 5-2　PVA 纤维掺量对纳米 $CaCO_3$ 水泥基复合材料抗折强度的影响

从图 5-1 中也可看出，随着 PVA 纤维掺量的增加，PVA 纤维掺量低于 0.9%时水泥基复合材料抗折强度的增长幅度小于 PVA 纤维掺量超过 0.9%后抗折强度的增长幅度。PVA 纤维的掺入使得纳米粒子 PVA 纤维水泥基复合材料的抗折强度有所提高，且当 PVA 纤维掺量达到 0.9%及其以上时，其对抗折强度的增强效果更好。在试验过程中，未掺加 PVA 纤维以及低纤维掺量的配合比其试件在达到峰值荷载时会发生瞬间破坏现象,试件裂成两半,并使试验机产生较大的声响。而 PVA 纤维掺量高于 0.9%的配合比在试验过程中基本不会产生瞬间破坏现象,且试件也不会一分为二,仅出现较大裂缝。综上可知,PVA 纤维的掺入可有效提高水泥基复合材料基体的抗折强度,由于纤维阻裂作用的存在,可以有效地阻止基体内部微裂缝的发展,从而使其抗折性能有所提高。

5.4 纳米粒子对 PVA 纤维水泥基复合材料抗折性能的影响

纳米粒子掺量以及纳米粒子种类变化时纳米粒子 PVA 纤维水泥基复合材料抗折强度试验结果如表 5-2 所示。

表 5-2 纳米粒子掺量变化时抗折强度试验结果 单位:MPa

试验编号	抗折强度 1	抗折强度 2	抗折强度 3	抗折强度平均值
P-0.9-0-b	7.15	7.23	7.40	7.26
PN-0.9-1.0-b	7.19	8.53	7.35	7.69
PN-0.9-1.5-b	8.09	8.03	8.26	8.13
PN-0.9-2.0-b	7.45	6.57	7.10	7.04
PN-0.9-2.5-b	7.15	7.03	6.69	6.96
PN-0.9-2.0-b(C)	5.60	6.06	5.34	5.67

纳米粒子掺量变化时对 PVA 纤维水泥基复合材料抗折性能的影响如表 5-2 和图 5-3、图 5-4 所示。

当纳米粒子种类为纳米 SiO_2 时,PVA 纤维掺量为 0.9%,随着纳米 SiO_2 掺量由 0 增加到 1.5%时, 水泥基复合材料的抗折强度

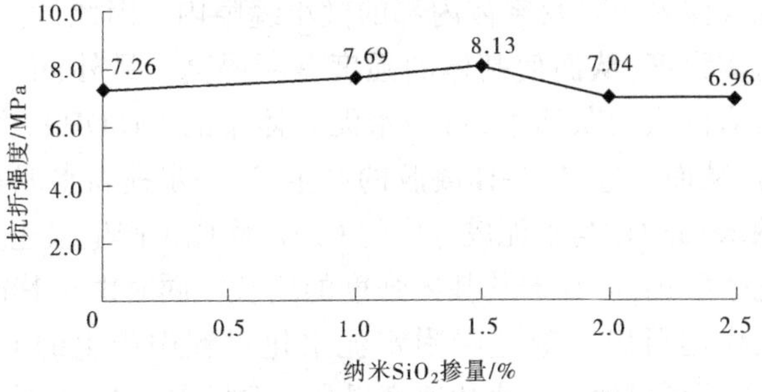

图5-3 纳米 SiO_2 掺量对抗折强度的影响

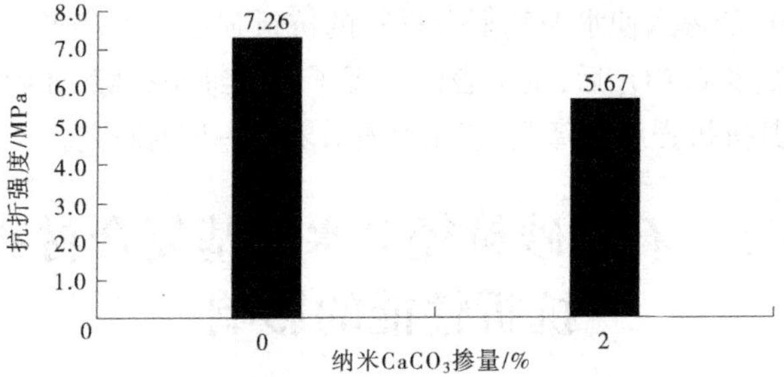

图5-4 纳米 $CaCO_3$ 对抗折强度的影响

由7.26 MPa增加到8.13 MPa,增加了11.98%。随着纳米 SiO_2 掺量继续增加至2.5%,其抗折强度逐渐降低至6.96 MPa,低于基体抗折强度。当纳米粒子种类为纳米 $CaCO_3$ 时,掺量为2.0%时测的水泥基复合材料的抗折强度为5.67 MPa,与未掺加纳米粒子时相比减少了21.90%。对纳米 SiO_2 而言,在其掺加范围内,随着其掺量的增加,水泥基复合材料的抗折强度呈现先增加后减小的趋势。而在相同掺量2.0%的情况下,掺加纳米 $CaCO_3$ 的试件的抗折强度低于纳米 SiO_2。

一般而言,纳米 SiO_2 的粒径极小,可以填补在石英砂、PVA纤维与水泥浆体界面以及浆体内部的微小缝隙内。因此,可以提高基体的密实程度,从而使基体的强度有所提高。另外,由于纳米 SiO_2 所具有的火山灰活性,可与水泥浆体中的 $Ca(OH)_2$ 发生火山灰反应,从而促进 C-S-H 凝胶的产生,进一步提高水泥石的强度。而纳米 $CaCO_3$ 与水泥成分中的 C_4AF 及 C_3A 产生水化反应可产生水化碳酸钙,可益于其基体强度的增长。同时由于其产生的物化吸附作用可以有效地吸附水泥水化过程中产生的 Ca^{2+},而 Ca^{2+} 浓度的降低可使水泥水化速度提高。但根据本书试验结果,在保持 PVA 纤维掺量 0.9%不变的情况下,随纳米 SiO_2 掺量的增加抗折强度虽出现先增大后减小的趋势,但是增强效果十分有限,而纳米 $CaCO_3$ 的掺入使水泥基复合材料的抗折强度有所降低。尤其是在掺加纳米 $CaCO_3$ 后,试块表面出现了较多细小孔隙,孔隙的增加会导致其抗折强度的降低,其原因还需要进一步的研究。

5.5 石英砂粒径对水泥基复合材料抗折性能的影响

石英砂粒径变化时纳米粒子 PVA 纤维水泥基复合材料抗折强度试验结果如表 5-3 所示。

表 5-3 石英砂粒径变化时抗折强度试验结果 单位:MPa

试验编号	抗折强度 1	抗折强度 2	抗折强度 3	抗折强度平均值
PN-0.9-2.0-a	7.78	8.80	8.20	8.26
PN-0.9-2.0-b	7.45	6.57	7.10	7.04
PN-0.9-2.0-c	7.24	6.30	6.45	6.66
PN-0.9-2.0-d	6.40	6.85	6.58	6.61

石英砂粒径变化对纳米粒子 PVA 纤维水泥基复合材料抗折性能的影响如表 5-3 和图 5-5 所示。

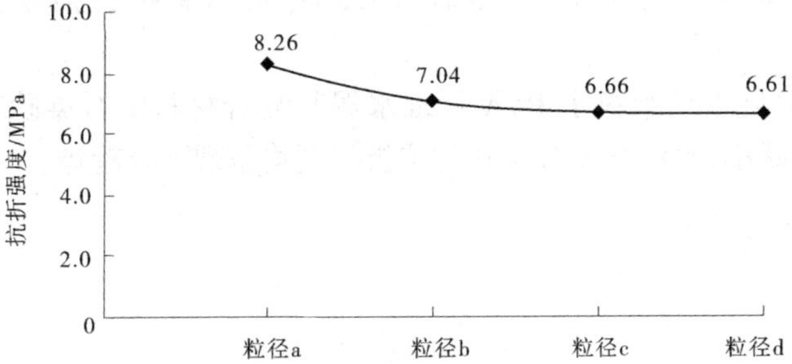

图 5-5　不同石英砂粒径对抗折强度的影响

随着石英砂粒径由粒径 a 逐渐减小到粒径 d,纳米粒子 PVA 纤维水泥基复合材料的抗折强度由 8.26 MPa 减小至 6.61 MPa,减少了 19.98%。当石英砂粒径较小时,粒径对纳米粒子 PVA 纤维水泥基复合材料的抗折性能的影响不太明显,当粒径较大时,其影响较大。

5.6 小　结

本章通过纳米粒子 PVA 纤维水泥基复合材料抗折性能试验,研究了 PVA 纤维掺量,纳米粒子掺量、种类以及石英砂粒径对其抗折强度的影响。得到的主要结论如下:

(1)PVA 纤维的掺入提高了纳米粒子 PVA 纤维水泥基复合材料的抗折强度,随着纤维掺量的增大,纳米粒子 PVA 纤维水泥基复合材料的抗折强度基本随纤维掺量的增加呈现逐渐增大的趋势。

(2)纳米 SiO_2 掺入 PVA 纤维水泥基复合材料时,可在一定范围内使得纳米粒子水泥基复合材料的抗折强度有所提升,随着纳

米 SiO_2 掺量的继续增加,纳米粒子 PVA 纤维水泥基复合材料的抗折强度呈现下降趋势。与掺加纳米 SiO_2 的纳米粒子 PVA 纤维水泥基复合材料相比,掺加纳米 $CaCO_3$ 后材料抗折强度有所下降。

(3)随着纳米粒子 PVA 纤维水泥基复合材料中石英砂粒径的逐渐减小,水泥基复合材料的抗折强度均呈现下降趋势。

第 6 章　纳米粒子和 PVA 纤维增强水泥基复合材料抗拉性能

6.1　引　言

Victor C. Li 等通过理论指导，利用试验加以验证，得到极限拉伸应变达到 3%以上具有良好的力学性能和耐久性能，能够满足工程需要的 ECC 材料。徐世烺等通过超高韧性水泥基复合材料拉伸试验得出纤维掺量增加到 1%时，就可以获得类似应变-硬化的应力-应变曲线，极限拉应变能稳定地达到 3%以上。重庆大学的王冲等将纳米 SiO_2 应用到水泥基材料中，获得性能更优的水泥基复合材料。目前关于单掺 PVA 纤维、纳米 $CaCO_3$ 或纳米 SiO_2 对水泥基复合材料抗拉伸性能影响的研究成果较多，而对于同时掺入 PVA 纤维和纳米粒子水泥基复合材料抗拉伸性能方面的研究成果较缺乏。因而，本书通过水泥基复合材料抗拉伸性能试验研究了单掺 PVA 纤维、纳米 SiO_2 和纳米 $CaCO_3$，以及复掺纳米粒子和 PVA 纤维对水泥基复合材料抗拉伸性能的影响。

6.2　试验方法

抗拉伸试验采用的试件尺寸为 305 mm×76 mm×20 mm，根据试验配合比，每个配合比浇筑 3 组。浇筑 1 d 后，拆模，然后将试件放在标准养护室中养护，养护 28 d 后，将试件从标准养护室中取出，准备试验。目前混凝土直接拉伸试验可分为外夹式、内埋式和粘贴式 3 种方式，本试验采用外夹式。在试件两端先涂抹环氧树脂并缠绕碳纤维布，避免试件在夹持部位破坏。试验在 300 kN 微机控制液压伺服试验机上进行，采用等速位移 0.05 mm/min 进行控制。

6.3　PVA 纤维对水泥基复合材料抗拉性能的影响

表 6-1 和图 6-1、图 6-2 给出了不同 PVA 纤维掺量时水泥基复合材料单轴拉伸试件极限拉伸应变和极限拉伸应力。

由表 6-1 和图 6-1、图 6-2 可以看出，一定掺量的 PVA 纤维可增强水泥基复合材料的抗拉伸性能，但过大掺量的 PVA 纤维将使水泥基复合材料极限拉伸应力下降。未掺加 PVA 纤维的水泥基复合材料在拉伸过程中发生突然断裂，且应变较小；掺加纤维后，水泥基复合材料的抗拉伸性能明显提高，水泥基复合材料的极限拉伸应力和极限拉伸应变都大大提高。未掺加纤维时，水泥基复合材料拉伸破坏时极限拉应变为 0.32%，极限拉应力为 1.72 MPa；随着纤维掺量的增加，水泥基复合材料的极限拉应力均逐渐增大，当纤维掺量为 1.2%时极限拉应力达到最大，为 3.44 MPa，当纤维掺量超过 1.2%后，极限拉伸应力有下降趋势。而极限拉应变则随着纤维掺量的持续增加呈现一直增大的趋势，当纤维掺量为 1.5%时，极限拉应变达到最大值，为 1.83%。

表 6-1　纤维掺量对抗拉伸性能参数的影响

PVA 纤维掺量	0-0	0.3-0	0.6-0	0.9-0	1.2-0	1.5-0
极限拉应变/%	0.32	1.04	1.24	1.31	1.57	1.83
极限拉应力/MPa	1.72	2.58	2.78	3.13	3.44	2.93

图 6-3 为不同纤维掺量时，PVA 纤维水泥基复合材料单轴拉

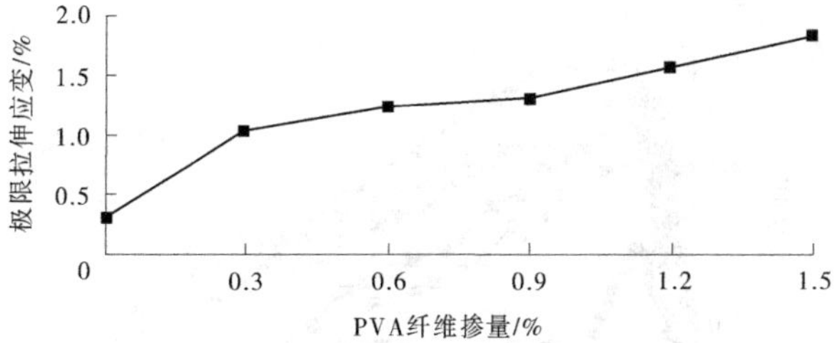

图 6-1　PVA 纤维掺量对极限拉伸应变的影响

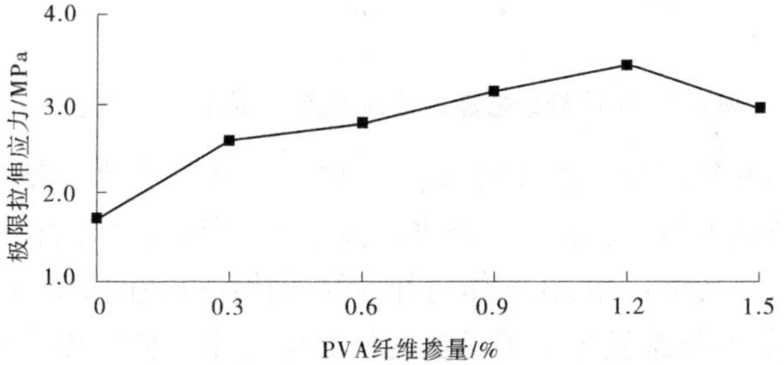

图 6-2　PVA 纤维掺量对极限拉伸应力的影响

伸试件的应力-应变关系曲线。从图 6-3 中可以看出,当纤维体积掺量由 0 增大到 1.2%时,试件应力-应变关系曲线逐渐趋于饱满,而当纤维体积掺量继续增大时,曲线又逐渐趋于平缓。应力-应变关系曲线的变化也反映了纤维掺量对试件抗拉性能的影响。

PVA 纤维水泥基复合材料的破坏起源于基体的裂纹,该裂纹是因为基体中原本存在的初始裂纹、微孔洞引起的,根据纤维-基体的界面黏结强度及纤维本身的抗拉强度,存在两种不同的断裂方式:第一,如果纤维强度较低而黏结力高,则基体的裂纹穿越纤维,导致材料的毁坏性断裂,此时复合材料的应力-应变曲线直至断裂视为线性;第二,如果纤维强度较高,而界面黏结相对较弱,则基体裂纹在纤维周围产生,纤维-基体界面在纤维断裂前就分离,此时基体裂纹不会引起毁坏性的破裂,复合材料极限断裂应变将

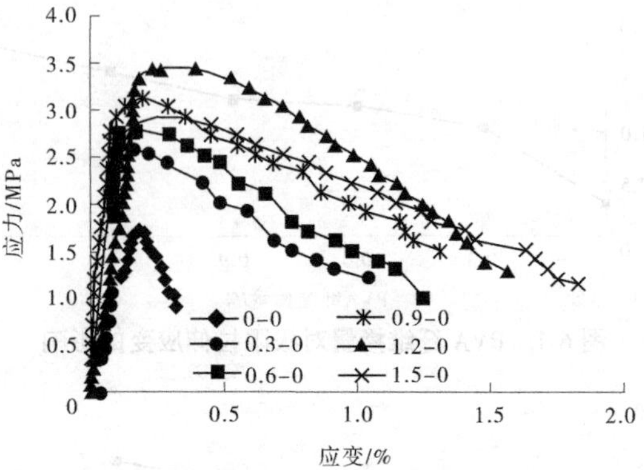

图 6-3 不同纤维掺量时试件的应力-应变关系曲线

高于基体断裂应变。PVA 纤维作为 PVA 纤维增强水泥基复合材料最重要的原材料,对 PVA 纤维增强水泥基复合材料的拉伸性能具有不可替代的作用,在基体与纤维界面特性合适的情况下,纤维掺量过低,其纤维发挥不了足够的桥联应力来促使基体达到开裂应力,这样纤维提前被拉断。纤维掺量过高,纤维容易结团,纤维分散不均匀,试件横截面处的单位纤维数量低,同时,纤维的结团导致 PVA 纤维增强水泥基复合材料出现较大缺陷,最终导致 PVA 纤维增强水泥基复合材料不能实现理想的稳定应变-硬化特性。在一定的纤维掺量范围内,纤维掺量越大,纤维的桥联应力越大,在基体特性合适的前提下,就可以实现纤维的拔出,因此纤维的掺入有利于抗拉伸性能的提高。

6.4 PVA 纤维对掺纳米粒子水泥基复合材料抗拉性能的影响

表 6-2 和图 6-4、图 6-5 给出了不同 PVA 纤维掺量时水泥基复合材料单轴拉伸试件极限拉伸应变和极限拉伸应力。

表 6-2　纤维掺量对抗拉伸性能参数的影响(掺 2% SiO_2)

PVA 纤维掺量	0-2	0.3-2	0.6-2	0.9-2	1.2-2	1.5-2
极限拉伸应变/%	0.33	1.01	1.26	1.47	1.54	1.63
极限拉伸应力/MPa	2.23	2.67	3.34	3.84	4.43	3.62

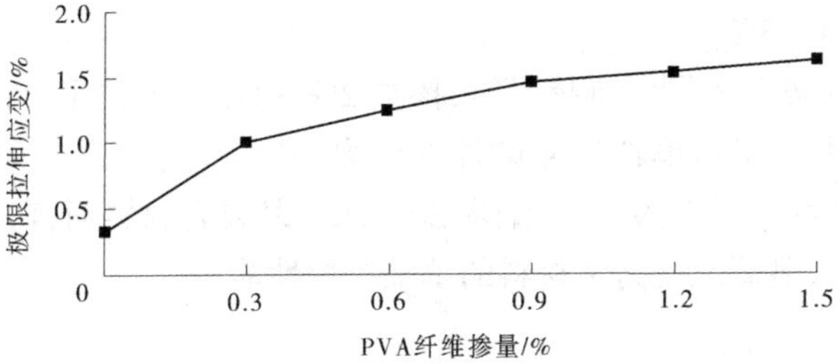

图 6-4　PVA 纤维掺量对极限拉伸应变的影响(掺 2% SiO_2)

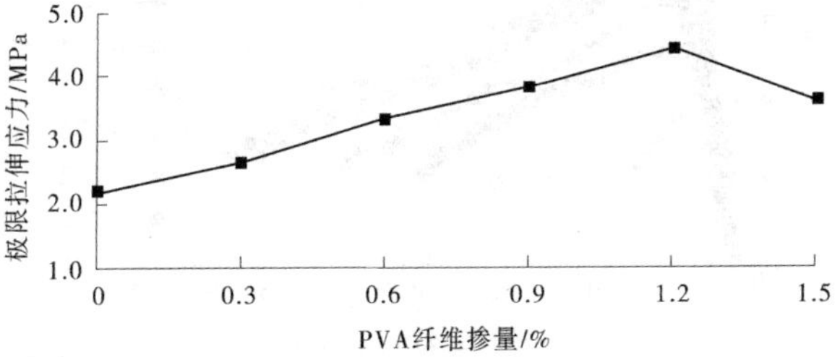

图 6-5　PVA 纤维掺量对极限拉伸应力的影响(掺 2% SiO_2)

由表 6-2 和图 6-4、图 6-5 可以看出,一定掺量的 PVA 纤维可增强掺有 2%纳米 SiO_2 的水泥基复合材料的抗拉伸性能,但过大掺量的 PVA 纤维不利于纳米 SiO_2 水泥基复合材料抗拉伸性能。未掺加 PVA 纤维的纳米 SiO_2 水泥基复合材料在拉伸过程中发生脆性破坏,且应变较小;掺加纤维后,纳米 SiO_2 水泥基复合材料的抗拉伸性能明显提高,不仅极限拉应力提高、极限拉应变也明显提高,而且纤维掺量越大,水泥基复合材料的极限拉应变越大。未掺加 PVA 纤维时，纳米 SiO_2 水泥基复合材料的极限拉应变为 0.33%，极限拉应力为 2.23 MPa；随着 PVA 纤维掺量的增加，纳米 SiO_2 水泥基复合材料的极限拉应变和极限拉应力均逐渐增大，当 PVA 纤维掺量为 1.2%时极限拉应力达到最大，为 4.43 MPa，极限拉应变为 1.54%；随着 PVA 纤维掺量的继续增加，极限拉应力开始减小，极限拉应变继续增大，其极限拉应力为 3.62 MPa，极限拉应变为 1.63%。

图 6-6 为不同纤维掺量时，掺加 2% SiO_2 纳米粒子 PVA 纤维水泥基复合材料单轴拉伸试件的应力-应变关系曲线。从图 6-6 中亦可看出，对于掺加 2%纳米 SiO_2 水泥基复合材料而言，PVA 纤维的掺入显著地提高了材料的单轴抗拉性能。

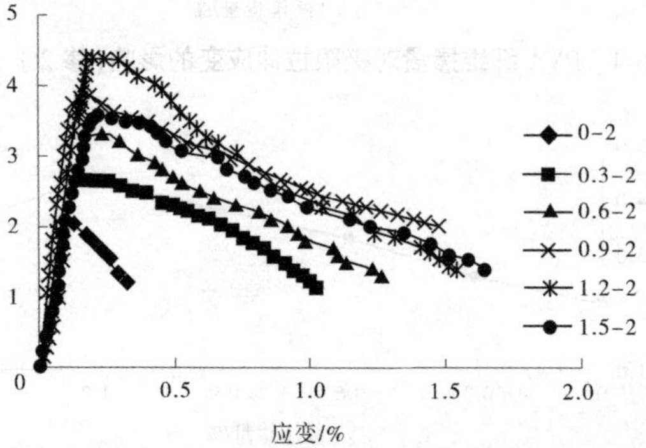

图 6-6 不同纤维掺量时试件的应力-应变关系曲线(掺 2% SiO_2)

在水泥基复合材料基体中加入 PVA 纤维就如同在基体中掺入许多的微细筋，开裂后，横跨裂缝的纤维必然限制裂缝的开展，基体将应力传递给纤维，再经纤维将应力传递给尚未开裂的基体，这种纤维与基体间的应力往复传递过程使水泥基复合材料出现更多的细微裂缝，从而可提高基体的强度与韧性，因此对水泥基复合材料的抗拉伸性能有改善作用。同时，纳米 SiO_2 的高活性使水泥水化更加彻底，水化产物增多；同时水化生成大量 C-S-H 凝胶和

纳米 SiO_2 与水泥水化产物中的孔隙是一个数量级，因而能起到很好的填充作用，显著增加了水泥基复合材料的密实度，从而减少了多害孔、有害孔和少害孔的数量，减小了水泥基复合材料内部孔隙的半径和孔隙率，因而进一步提高了水泥基复合材料的抗拉伸性能。

6.5　纳米 SiO_2 对 PVA 纤维水泥基复合材料抗拉性能的影响

表6-3为PVA纤维体积掺量0.9%时，纳米 SiO_2 掺量不同时水泥基复合材料的极限拉伸应力和极限拉伸应变。

表6-3　纳米 SiO_2 对抗拉伸性能参数的影响

纳米 SiO_2 掺量	0.9-0	0.9-1.0	0.9-1.5	0.9-2.0	0.9-2.5
极限拉伸应变/%	1.31	1.34	1.41	1.47	1.42
极限拉伸应力/MPa	3.13	3.28	3.49	3.84	4.09

图6-7和图6-8分别为PVA纤维掺量不变时，不同纳米 SiO_2 掺量与水泥基复合材料拉伸试件极限拉伸应变和极限拉伸应力的关系曲线。图6-9为不同纳米 SiO_2 掺量时，PVA纤维水泥基复合材料拉伸试件应力-应变关系曲线。

由图6-7~图6-9中可以看出，一定掺量的纳米 SiO_2 可提高PVA纤维增强水泥基复合材料的抗拉伸性能，且随着纳米 SiO_2 掺量的增加，纳米 SiO_2 对PVA纤维增强水泥基复合材料抗拉伸性能改善效果越明显。当掺加0.9%PVA纤维，未掺加纳米 SiO_2 时，PVA纤维增强水泥基复合材料拉伸破坏时极限拉应变为1.31%，极限拉应力为3.13 MPa；随着纳米 SiO_2 掺量的增加，PVA纤维增强水泥基复合材料的极限拉应变和极限拉应力均逐渐增大，当纳

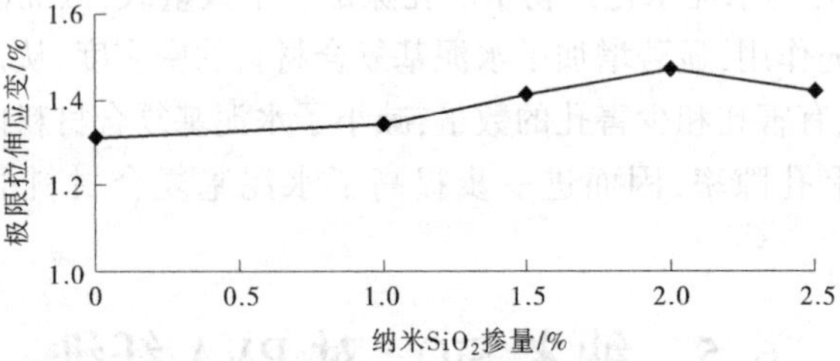

图 6-7 纳米 SiO_2 掺量对极限拉伸应变的影响(PVA 纤维掺量 0.9%)

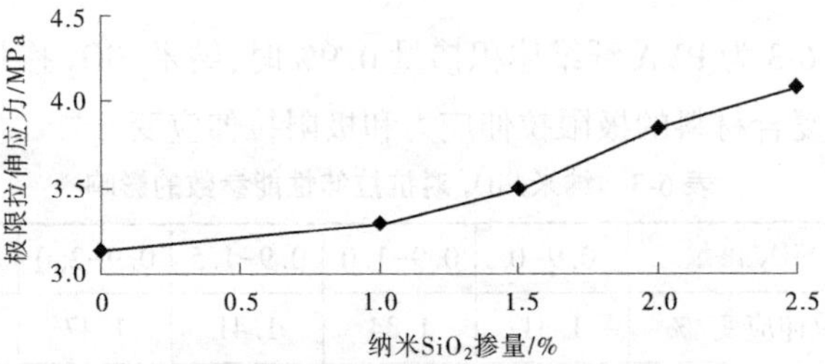

图 6-8 纳米 SiO_2 掺量对极限拉伸应力的影响
(PVA 纤维掺量 0.9%)

米 SiO_2 为 2%时极限拉应变达到最大值 1.47%,纳米 SiO_2 为 2.5%时极限拉应力达到最大,为 4.09 MPa。

纳米 SiO_2 是高活性掺和料,能够很快与水泥基复合材料早期水化形成的 $Ca(OH)_2$ 进行反应,使水化过程中的 $Ca(OH)_2$ 浓度减小,同时产生大量的水化热。产生的大量水化热又进一步加快了其他水泥成分的水化过程。此外,纳米 SiO_2 粒径较小,可以填充水泥颗粒间的空隙,使水泥基复合材料的密实度大大增加,降低了原生裂隙的尺寸和数量,从而增强了 PVA 纤维增强水泥基复合材料的抗拉伸性能。

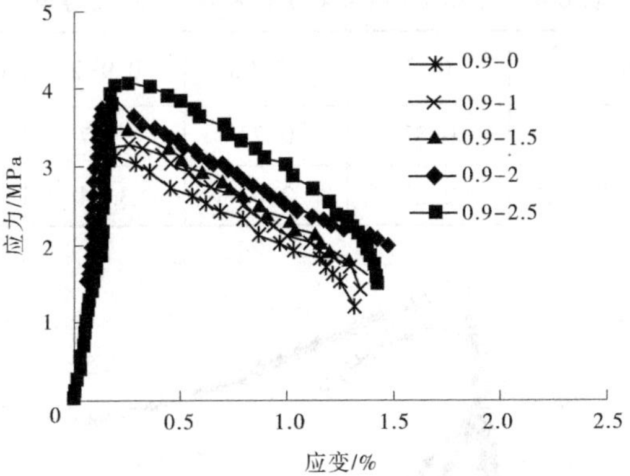

图6-9 不同纳米 SiO_2 掺量时试件的应力-应变关系曲线(PVA纤维掺量0.9%)

6.6 纳米粒子种类对水泥基复合材料抗拉性能的影响

表6-4为不同纳米粒子种类时水泥基复合材料单轴拉伸试件的极限拉伸应力和极限拉伸应变。图6-10为纳米粒子掺量均为2%时,掺不同纳米粒子水泥基复合材料和PVA纤维水泥基复合材料拉伸试件应力-应变关系曲线。

由表6-4和图6-10可以看出,不管水泥基复合材料中掺加PVA纤维与否,掺加纳米 SiO_2 的试件的极限拉伸应变和极限拉伸应力均比掺加纳米 $CaCO_3$ 试件要高。当未掺加PVA纤维时,纳米粒子水泥基复合材料试件在抗拉伸试验过程中出现脆性破坏;掺加PVA纤维后的水泥基复合材料试件延性提高,极大地提高了水泥基复合材料试件的最大拉应力和最大拉应变;在改善水泥基复合材料抗拉伸性能方面,纳米 $CaCO_3$ 对水泥基复合材料抗拉伸性能的改善效果略逊于纳米 SiO_2。

表 6-4　纳米粒子种类对抗拉伸性能参数的影响

掺量	0-2	0-2(Ca)	0.9-2	0.9-2(Ca)
极限拉伸应变/%	0.33	0.23	1.47	1.25
极限拉伸应力/MPa	2.23	2.02	3.84	3.24

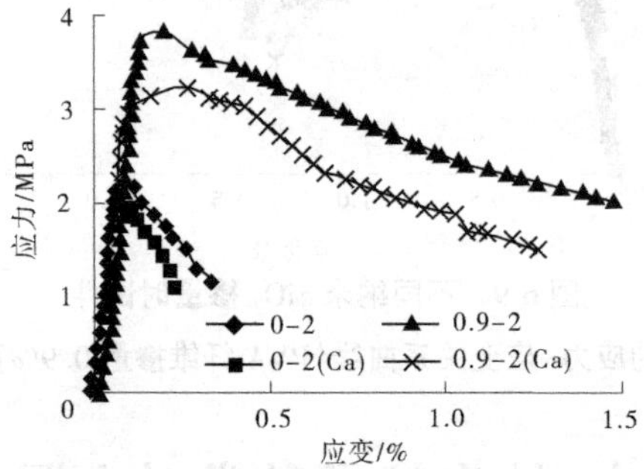

图 6-10　纳米粒子种类对试件应力-应变关系曲线的影响

同纳米 SiO_2 一样，纳米 $CaCO_3$ 具有填充效应、晶核效应、表面效应及纳米颗粒的高活性等方面特性，其对水泥基复合材料孔结构的改善主要通过这些特殊效应来实现。纳米 $CaCO_3$ 粒子的表面在水化开始前吸附了一定量的水分，水化发生后，由于很多不饱和键存在于纳米 $CaCO_3$ 表面，纳米粒子键合了大量水化产物，在纳米 $CaCO_3$ 粒子周围的水被水化生成的水化产物挤走。在此过程中，由于纳米 $CaCO_3$ 粒子在水泥浆体中均匀分布，且粒子的数量大、尺寸小，会形成大量微孔隙包含在凝胶体中，这种微孔隙起到了细化孔隙的作用，此外，由于凝胶孔的孔径和纳米 $CaCO_3$ 的粒子尺寸数量级相当，且水泥颗粒的尺寸远大于纳米 $CaCO_3$ 粒径，纳米粒子能够起到较好的填充作用，使水化产物的结构更加致密。相对于纳米 $CaCO_3$，纳米 SiO_2 是非稳态无定型结构，其火山灰活性较高。在水泥基复合材料中完全均匀分散的纳米 SiO_2 粒

子与水泥水化产物 $Ca(OH)_2$ 会迅速发生反应,其反应式为:$Ca(OH)_2+SiO_2+H_2O \rightarrow C-S-H$,经过反应,有更多的 C-S-H 凝胶生成,同时,对强度产生不利影响的 CH 也转化成有利于强度发展的组分 C-S-H,大量生成的 C-S-H 尺寸与凝胶孔尺寸相近,其填充作用大大减少了水泥石中的孔隙数量,使基体密实度得到提高,从而使水泥基复合材料的强度得到了增强,因而对水泥基复合材料抗拉伸性能的改善效果更明显。

6.7 石英砂粒径对水泥基复合材料抗拉性能的影响

表 6-5 为不同石英砂粒径时纳米粒子 PVA 纤维水泥基复合材料单轴拉伸试件的极限拉伸应力和极限拉伸应变。图 6-11 为纳米 SiO_2 掺量均为 2%且 PVA 纤维体积掺量为 0.9%时,不同石英砂粒径水泥基复合材料拉伸试件应力-应变关系曲线。由表 6-5 和图 6-11 可以看出,随着石英砂粒径逐渐减小,水泥基复合材料的极限拉伸强度逐渐减小,而水泥基复合材料拉伸试件的极限拉应变呈现先降低后增大的趋势,当石英砂平均粒径为 120~212 μm 时,水泥基复合材料试件的极限拉伸应变均达到最大值。

表 6-5 石英砂粒径对抗拉伸性能参数的影响

石英砂粒径	0.9-2-a	0.9-2-b	0.9-2-c	0.9-2-d
极限拉伸应变/%	1.57	1.47	1.31	1.36
极限拉伸应力/MPa	4.04	3.84	3.54	3.34

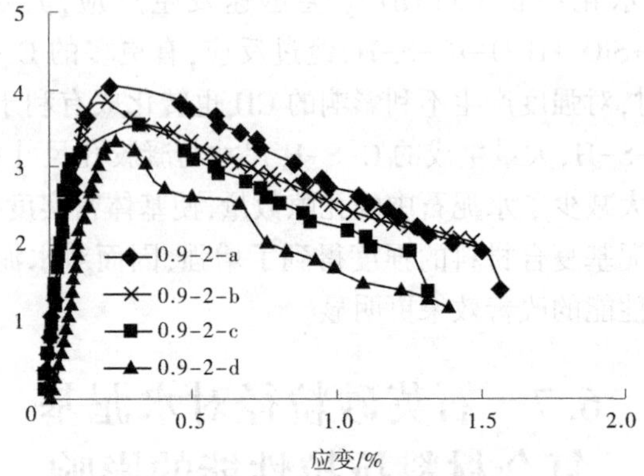

图 6-11　石英砂粒径对抗拉伸性能的影响

6.8 小　结

本章通过纳米粒子 PVA 纤维水泥基复合材料单轴拉伸试验，研究了 PVA 纤维掺量，纳米粒子掺量、种类以及石英砂粒径对其极限拉伸应力和极限拉伸应变的影响。得到的主要结论如下：

(1)PVA 纤维的掺入提高了纳米粒子 PVA 纤维水泥基复合材料的抗拉伸性能，随着纤维掺量的增大，纳米粒子 PVA 纤维水泥基复合材料的极限拉伸应变逐渐增大，极限拉伸应力在纤维体积掺量低于 1.2%时持续增大，当纤维体积掺量高于 1.2%后有略微降低的趋势。

(2)纳米 SiO_2 掺入 PVA 纤维水泥基复合材料时，可在一定范围内使得 PVA 纤维水泥基复合材料的抗拉伸性能有所提升，随着纳米 SiO_2 掺量的增加，试件极限拉伸应力逐渐增大，在纳米粒子掺量低于 2%时，极限拉伸应变也逐渐增大，但当纳米粒子掺量超过 2%后，极限拉伸应变有下降趋势。在改善水泥基复合材料抗拉伸性能方面，纳米 $CaCO_3$ 对水泥基复合材料抗拉伸性能的改善

效果略逊于纳米 SiO_2。

(3)纳米粒子 PVA 纤维水泥基复合材料随着石英砂粒径的减小,其抗拉伸性能总体上呈现逐渐降低的趋势。

第 7 章 纳米粒子和 PVA 纤维增强水泥基复合材料弯曲韧性

7.1 引 言

一般而言,普通的水泥基材料为准脆性材料,其抗拉性能远小于其抗压性能。为提高水泥基材料的韧性,最常用的方法是将具有高强度、高延性的金属材料、有机材料、无机材料(如钢纤维、聚乙烯醇纤维、聚丙烯纤维等)掺入水泥基材中,从而制得具有高韧性的水泥基复合材料。

弯曲韧性通常用以考察纤维材料对水泥基材料开裂后的增韧效果,其计算和评价的依据为水泥基材料发生弯曲破坏后所吸收的能量。常用方法为通过数据采集绘出试件在试验过程中的荷载-挠度曲线,通过积分计算试件发生弯曲破坏后所吸收的能量,并以此计算及评价其弯曲韧性指标。因此,本章着重讨论当 PVA 纤维掺量变化时,对水泥基复合材料弯曲韧性相关指标的影响。

7.2 试验方法

弯曲韧性试验试件尺寸采用 100 mm×100 mm×400 mm,根据试验配合比,每个配合比浇筑试件个数为 3 个,经标准养护 28 d 后,取出并进行试验。

弯曲韧性试验在 200 t 液压试验机上进行,考虑到当荷载达到最大值后,试验机会将其所积累的变形能量释放给小梁试件,造成试件的迅速开裂破坏,并导致荷载值急剧降低,从而无法获得完整的荷载-挠度曲线。因此,需要在试验机的上下压板之间附加刚性组件,使试验机的刚度得以提高,从而满足弯曲韧性试验对试验设备的刚度要求。本试验中所采用的刚性支撑组件为 4 个特制弹簧,两两对称放置于试验机下方压板上,弹簧上放置 2 根荷载分配梁。试验过程中,荷载通过荷载分配梁先施加到 4 个弹簧上,当弹簧达到一定变形后分配梁底部开始接触荷载传感器。此后,荷载通过荷载传感器传递给试件,从而避免了试件的迅速开裂破坏并获得完整的荷载-挠度全曲线。本书弯曲韧性试验装置如图 7-1 和图 7-2 所示。

图 7-1　试验现场

试验开始前需要对试件进行检查,其外观不得有明显缺陷。将试件成型时的侧面作为承压面置于支座上,加载方式为三分点加载,加载速率约为 30 N/s。试验过程中采用荷载传感器和位移传感器同步采集抗弯荷载和跨中挠度,各传感器经数据采集系统与计算机相连,在试验过程中可同步观察荷载-挠度曲线的实时变化情况。试验结束后将试验过程数据导出后经处理即可获得试验荷载-挠度曲线,根据相关弯曲韧性评价方法对所得曲线进行分析评价。

图 7-2 试验机及刚性组件

7.3 弯曲韧性评价方法

目前国内外确定弯曲韧性相关指标的评价方法有很多，主要包括美国 ASTM - C1018 标准、日本 JSCE - SF4 法、欧洲 RILEM TC162-1TDF 标准、中国《钢纤维混凝土结构技术规程》(CECS 38:2004)、《纤维混凝土试验方法标准》(CECS13:2009)以及《钢纤维混凝土》(JG/T 472—2015)。本试验对纳米粒子 PVA 纤维水泥基复合材料弯曲韧性评价采用的方法为《钢纤维混凝土》(JG/T 472—2015)中对弯曲韧性试验方法中的相关规定。

该标准采用初始弯曲韧度比 $R_{e,p}$、弯曲韧度比 $R_{e,k}$ 分别来表征试件在加载过程中达到峰值荷载对应挠度之前的弯曲韧性以及峰值过后的弯曲韧性。图 7-3 为《钢纤维混凝土》(JG/T 472—2015)中弯曲韧性指标的计算示意图。

试件达到峰值荷载对应挠度前的弯曲韧性采用初始弯曲韧度比 $R_{e,p}$ 来表征，计算公式如式(7-1)、式(7-2)所示

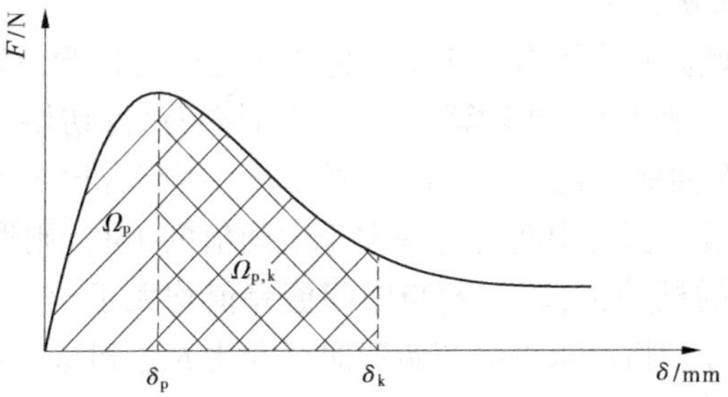

图 7-3　等效弯曲强度计算

$$R_{e,p} = f_{e,p}/f_{ftm} \tag{7-1}$$

$$f_{e,p} = \frac{\Omega_p L}{bh^2\delta_p} \tag{7-2}$$

式中:$R_{e,p}$ 为初始弯曲韧度比; $f_{e,p}$ 为等效弯拉强度,MPa;b 为试件截面宽度尺寸, mm,本试验取 100 mm;h 为试件截面高度尺寸, mm,本试验取 100 mm;L 为试件跨度尺寸,mm,本试验取 300 mm;δ_p 为试件承受峰值荷载时所对应挠度,mm;Ω_p 为试件跨中挠度达到 δ_p 时荷载-挠度曲线所对应的面积,N · mm; f_{ftm} 为水泥基复合材料的弯拉强度,MPa。

试件达到峰值荷载对应挠度后的弯曲韧性采用弯曲韧度比 $R_{e,k}$ 来表征,计算公式如式(7-3)、式(7-4)、式(7-5)所示。

$$R_{e,k} = f_{e,k}/f_{ftm} \tag{7-3}$$

$$f_{e,k} = \frac{\Omega_{p,k} L}{bh^2\delta_{p,k}} \tag{7-4}$$

$$\delta_{p,k} = \delta_k - \delta_p \tag{7-5}$$

式中:$R_{e,k}$ 为跨中挠度为 δ_k 时的弯曲韧度比;$f_{e,k}$ 为跨中挠度为 δ_k 时的等效弯拉强度,MPa;$\delta_{p,k}$ 为挠度由 δ_p 达到 δ_k 的增加值,mm; $\Omega_{p,k}$ 为挠度由 δ_p 达到 δ_k 时荷载-挠度曲线所对应的面积, N · mm;δ_k 代表给定的计算挠度 L/k,mm,其中 k 值分别取 150、

200、250、300、500。

分别计算每个配合比 3 个试件所对应的初始弯曲韧度比 $R_{e,p}$ 以及弯曲韧度比 R_e，并计算平均值作为该组试件初始弯曲韧度比 $R_{e,p}$ 以及弯曲韧度比 $R_{e,k}$ 的试验值。若每组配合比 3 个试验值中最大值或最小值与中间值的差大于中间值的 15%，则取该中间值作为该组的试验值；若二者与中间值差值均大于 15%，则该组试验无效。分别将所求得的初始弯曲韧度比 $R_{e,p}$ 和弯曲韧度比 $R_{e,k}$ 的试验值与弯曲韧度比 $R_e = 1$ 比较，以此评价 PVA 纤维掺量对水泥基复合材料的弯曲韧性的影响。

7.4 弯曲韧性评价结果

7.4.1 弯曲破坏曲线特点

根据试验采集结果绘制水泥基复合材料弯曲试验的荷载-挠度全曲线，典型的全曲线如图 7-4 所示。根据图 7-4 可知，图示曲线上包含两个特征点，分别为特征点 A 和特征点 B。特征点 A、B 将荷载-挠度全曲线划分为三部分，分别对应了水泥基复合材料在弯曲荷载作用下逐渐破坏的三个阶段。

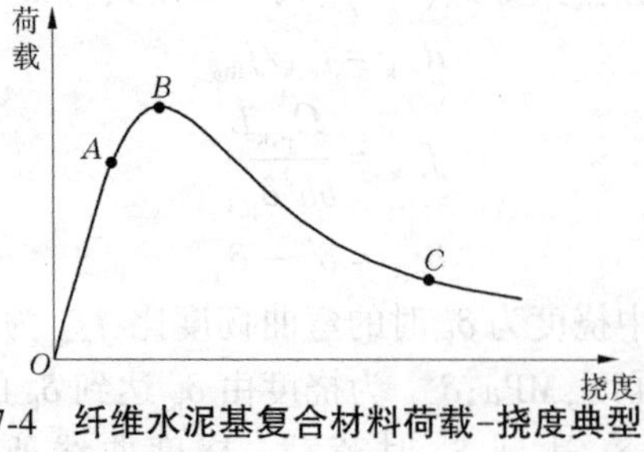

图 7-4　纤维水泥基复合材料荷载-挠度典型曲线

OA 段：该阶段由水泥基复合材料基体可将荷载通过界面黏结

力传给 PVA 纤维，因此在此阶段，PVA 纤维与基体作为整体承担荷载，两者变形协调处于弹性阶段，故曲线呈线形增长。随着荷载增大，水泥基复合材料受拉区的变形将达到材料的初裂应变，此时裂缝开始出现。对于普通水泥基材料而言，这时往往会出现一裂即坏的现象。但对于掺加纤维的水泥基材料而言，由于纤维可跨越裂缝传递应力，从而起到阻止裂缝继续发展的作用，使其在裂缝出现后仍能继续承载。

AB 段：经过 *A* 点后，水泥基复合材料的荷载-挠度曲线将由线性转为非线性，此时试件内部微裂缝将稳定扩展。此阶段，由于 PVA 纤维仍可通过截面黏结力横贯裂缝传力。因此，纤维水泥基复合材料认可承受更大的荷载，此时其处于弹塑性阶段。

BC 段：*B* 点为裂缝失稳扩展的临界点，此时达到了试件的极限承载能力。经过 *B* 点后，随着被拔出的纤维逐渐增加，试件并没有迅速的破坏。试件的中和轴逐渐上移，而其承载能力则不断下降，跨中挠度的增长也开始逐渐加快。当掺入纤维的掺量越大，最终采集到的曲线则愈加饱满，即表现出更好的弯曲韧性。

7.4.2　弯曲韧性结果分析

根据《钢纤维混凝土》（JG/T 472—2015）关于弯曲韧性指标的规定可知，将计算得到的弯曲韧度比与 1 比较，当其值越接近于 1 时，表示试验测得的荷载-挠度曲线中该弯曲韧度比对应曲线部分越趋于饱满，则其弯曲韧性越好。需要指出的是，在对 PVA 纤维水泥基复合材料的弯曲韧度进行分析计算时，考虑到掺加 PVA 纤维与钢纤维时测得的弯曲试验曲线的差异，仅选取初始弯曲韧度比 $R_{e,p}$ 以及 $k=500$、300 时所对应的残余弯曲韧度比 $R_{e,500}$、$R_{e,300}$ 进行分析。原因在于，对于钢纤维混凝土材料，当其挠度超过峰值荷载对应的挠度后，在一定的范围内，其荷载值未表现出明显的下降趋势，因此在 $k=150$ 时所对应的残余弯曲韧度比仍具有比较意义。而对于 PVA 纤维水泥基复合材料而言,在对其荷载-挠度曲线分析时发现,当其挠度超过 1 mm 时,各组试件的荷载值均会下降到较低水平,因此再对此后的残余弯曲韧度比进行比较意义不大,故不再对其进行比较分析。此外,由于目前弯曲韧性评价方法通常是用以考察添加纤维材料后其对混凝土开裂后的增韧效果,当用其评价纳米粒子掺量以及石英砂粒径变化时对水泥基复合材料弯曲韧性影响则未表现出明显的规律性。因此,下文讨论的重点为 PVA 纤维掺量变化时对水泥基复合材料弯曲韧性的影响。

根据式(7-1)~式(7-5)计算得到随纤维掺量变化时各组的等效初始弯曲强度、初始弯曲韧度比、等效残余弯曲强度和残余弯曲韧度比计算结果如表 7-1 所示。

表 7-1　弯曲韧性参数计算结果

试验编号	PVA 纤维掺量/%	$f_{e,p}$/MPa	$R_{e,p}$	$f_{e,500}$/MPa	$R_{e,500}$	$f_{e,300}$/MPa	$R_{e,300}$
0.3-0-b	0.3	2.70	0.72	2.13	0.56	0.66	0.18
0.6-0-b	0.6	4.16	0.76	3.41	0.62	1.56	0.28
0.9-0-b	0.9	4.29	0.77	3.93	0.71	1.97	0.36
1.2-0-b	1.2	4.96	0.85	4.54	0.78	2.21	0.38
1.5-0-b	1.5	5.28	0.83	4.74	0.74	2.02	0.32
0.6-2.0-b	0.6	3.18	0.70	3.14	0.70	1.27	0.28
0.9-2.0-b	0.9	3.46	0.74	3.35	0.72	1.76	0.38
1.2-2.0-b	1.2	3.99	0.81	3.79	0.77	2.16	0.44
1.5-2.0-b	1.5	4.48	0.74	4.48	0.74	2.33	0.39

PVA 纤维掺量变化时纳米粒子 PVA 纤维水泥基复合材料弯曲韧性指标试验结果及其影响如表 7-1 及图 7-5、图 7-6 所示。

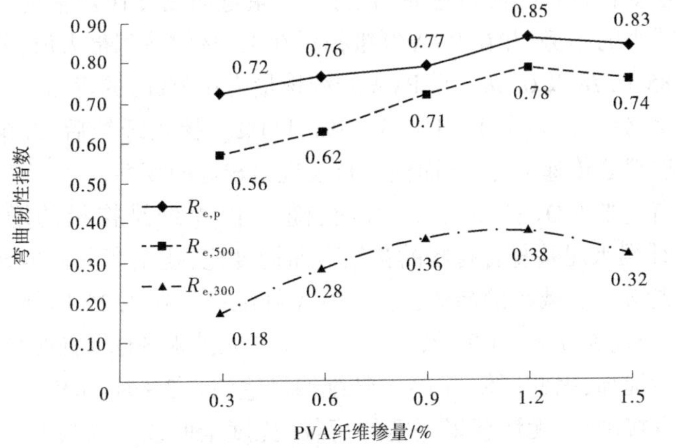

图7-5 PVA纤维掺量对水泥基复合材料弯曲韧性指标的影响

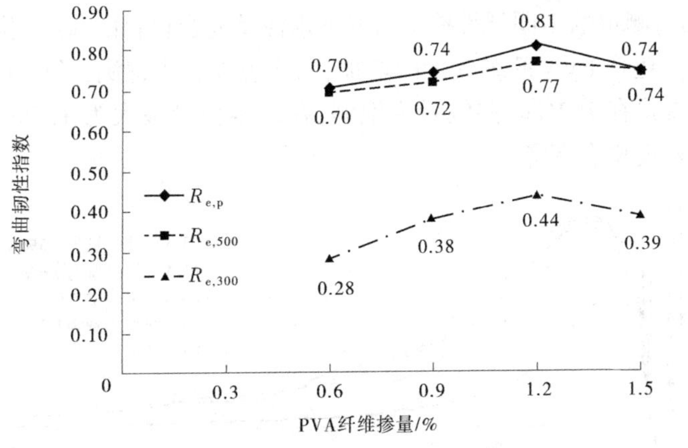

图7-6 PVA纤维掺量对纳米粒子水泥基复合材料弯曲韧性指标的影响

当未掺加纳米 SiO_2 时，随着PVA纤维掺量的增多，PVA纤维水泥基复合材料的初始弯曲韧度比、残余弯曲韧度比均呈现先增大后减小的趋势,并在 PVA 纤维掺量在 1.2%时达到最大值,分别为 0.85、0.78 及 0.38。与 PVA 纤维掺量为 0.3%时的弯曲韧性指数相比,分别提高了 18.1%、39.3%、111%。掺入纤维后,纤维可以跨越裂缝传递应力,从而使材料表现出较好的韧性。

当纳米 SiO_2 掺量为 2.0%时,随着 PVA 纤维掺量的增加,PVA 纤维水泥基复合材料的初始弯曲韧度比、残余弯曲韧度比均呈现先增大后减小的趋势,并在 PVA 纤维掺量在 1.2%时达到最大值,分别为 0.81、0.77 及 0.44。由于掺入纳米 SiO_2 后试件的脆性有所提高,因此即使当 PVA 纤维掺量达到 0.3%时,试件在峰值后也直接破坏,无法获得完整的荷载-挠度全曲线。故与 PVA 纤维掺量为 0.6%的相比,其初始弯曲韧度比、残余弯曲韧度比分别提高了 15.7%、10%、57.1%。

图 7-7、图 7-8 分别为未掺加纳米粒子和纳米 SiO_2 掺量为 2.0%时测得的不同纤维掺量情况下水泥基复合材料的荷载-挠度曲线。随着 PVA 纤维掺量的增加,曲线愈加趋于饱满,其中 PVA 纤维掺量在 1.2%时曲线最为饱满,在纤维掺量最大为 1.5%时,饱满程度略有下降。

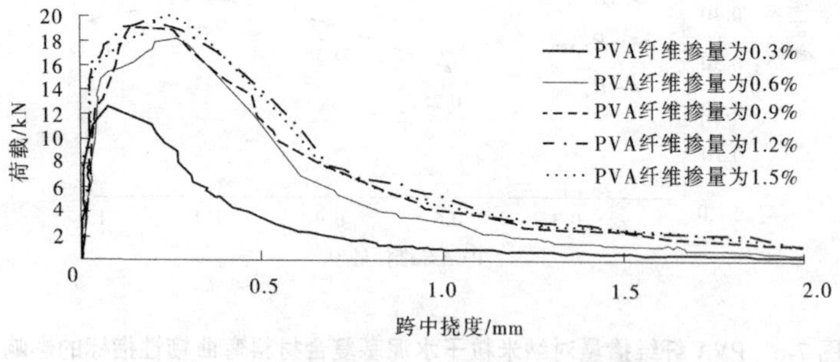

图 7-7 未掺加纳米粒子时不同 PVA 纤维掺量水泥基复合材料荷载-挠度曲线比较

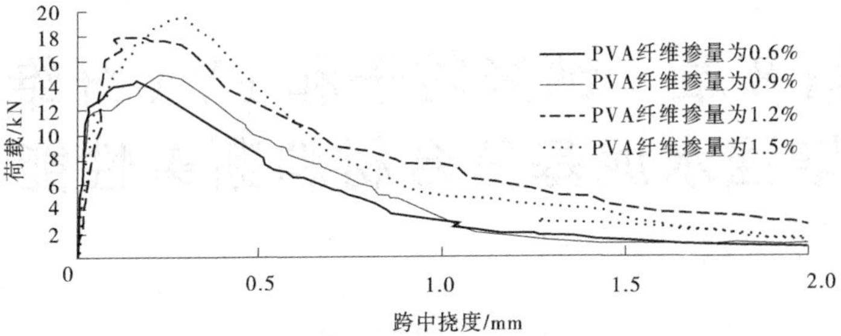

图 7-8　纳米 SiO_2 掺量 2.0%时不同 PVA 纤维掺量水泥基复合材料荷载-挠度曲线比较

7.5 小　结

本章通过小梁试件的三分点加载弯曲试验,采用等效初始弯曲强度、初始弯曲韧度比、等效残余弯曲强度和残余弯曲韧度比作为弯曲韧性评价指标,分析了 PVA 纤维对掺纳米粒子水泥基复合材料弯曲韧性的影响,并分析了试件弯曲破坏曲线的特点,得出了 PVA 纤维对掺纳米粒子水泥基复合材料弯曲韧性评价指标影响的规律,结论如下:

(1)考虑到试验条件及弯曲韧性评价方法的适用性,本章在评价纳米粒子 PVA 纤维水泥基复合材料弯曲韧性的影响因素时,主要考虑 PVA 纤维掺量变化对其弯曲韧性指标的影响。

(2)当水泥基复合材料中掺入 PVA 纤维后,可以有效地提高水泥基复合材料的初始弯曲韧度比及残余弯曲韧度比,且随着 PVA 纤维掺量的增加,初始弯曲韧度比与残余弯曲韧度比呈现先增大后减小的趋势,并在 PVA 纤维掺量为 1.2%时达到最大值。

第8章 纳米粒子和PVA纤维增强水泥基复合材料断裂性能

8.1 引 言

材料的断裂破坏一直是力学界研究的热点和难点,混凝土作为一种工程材料,在土木工程领域得到广泛的应用,将断裂力学的思想应用到研究混凝土断裂破坏,就形成了混凝土断裂力学。到目前,众多的学者对混凝土断裂破坏进行了大量的理论、试验和数值模拟的研究工作,取得了许多有价值的成果,为完善混凝土断裂力学也建立了一系列经典的断裂模型。然而,由于混凝土本身具有多相、非均匀等特点,混凝土断裂的力学行为和破坏机制还有许多工作需要进一步研究。混凝土断裂参数是评定混凝土断裂性能的指标,也是对混凝土断裂行为进行数值分析所不可或缺的输入参数。各国研究者的研究表明,断裂能是混凝土的材料特性,它是国际材料与结构研究实验联合会(RILEM)混凝土断裂力学委员会推荐的一个最为重要的混凝土非线性断裂力学参数。断裂韧度是描述混凝土力学性能的一个重要指标,反映了混凝土抵抗裂缝扩展的能力。临界裂缝张开位移与试件尺寸大小无关,也可以表征混凝土的断裂性能。基于此,本章将基于预切口小梁试件的三点弯曲试验,以有效裂缝长度、起裂韧度、失稳韧度、断裂能等为评价指标,分析PVA纤维、纳米粒子种类及掺量、石英砂粒径等对纳米粒子和PVA纤维增强水泥基复合材料断裂性能的影响。

8.2 试验方法

根据所采取的试件尺寸不同，可采取不同的方法测定材料的断裂性能，主要包括直接拉伸法、楔入劈拉法、紧凑拉伸法、三点弯曲梁法等。从目前研究来看，使用直接拉伸法作为研究混凝土断裂性能标准试验在推广上难以实现，一方面由于在试验过程中需要辅助加载装置，另一方面难以解决试件在加载过程中的对中问题。紧凑拉伸法所选取试件形式承受重力与拉力垂直，可以消除试件自身重力对试验结果的影响，但通常试块的尺寸较大。楔入劈拉法所选取的试件的力学模型与紧凑拉伸法基本相同，需要采用楔形架将竖向加载方式转化为水平加载方式，也可避免试件自重对结果的影响，且试件制作相对简单，对试验机刚度要求不高。而三点弯曲梁法可以获得较为稳定的相关试验曲线，因此用其评价混凝土断裂性能的时间相对较早。RILEM 也推荐采用三点弯曲梁法来测试与混凝土断裂性能相关的试验参数。这种方法对试验机刚度要求不高，试件制作也相对简单，操作简便，可获得稳定的断裂性能试验曲线。结合水泥基材料性能及实际试验条件，本书试验对纳米粒子 PVA 纤维水泥基复合材料断裂性能研究所采用的试验方法为三点弯曲梁法。

8.2.1 三点弯曲梁试件制作

采用带切口的三点弯曲梁法研究水泥基材料断裂性能时，需要在试件中央截面处制作一个切口。预制切口的方法通常有两种：一种为预埋楔形体法，另一种为锯切裂缝法。当采用预埋楔形体法来预制裂缝时，用于制缝的钢板需放置在试模长边内侧正中间处，钢板需要与试模固定牢固，保证在试块浇筑过程中不会掉落、松动或者偏移，同时也要保证在拆模时，钢板便于从试件中拔出且不得损坏裂缝的尖端部位。当采用锯切裂缝法来预制裂缝时,需要至少提前于断裂试验前一天进行。预制裂缝应在潮湿的环境中进行,试验人员可用锯或石材切割机在试件成型侧面的中央处切割而成,缝宽控制在(3±1)mm,缝长控制在(40±2)mm,试件底面与缝面夹角控制在90°±0.5°,本试验预制裂缝采用切割机切割而成。

本书所采用的三点弯曲切口梁试件形式如图8-1所示。试件尺寸为100 mm×100 mm×400 mm,支座跨度为300 mm,初始缝长a_0为40 mm,即图中$h=b=100$ mm,$L=400$ mm,$S=300$ mm,$a_0=40$ mm,相对切口深度$a_0/h=0.4$。

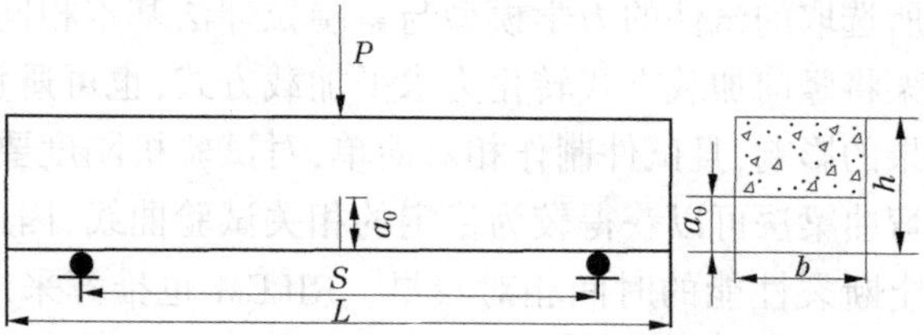

图8-1 三点弯曲切口梁试件形式及尺寸简图

8.2.2 试验装置

为保证断裂试验能够获得稳定的荷载-位移曲线,需要保证试验机具有足够的刚度,一般要求刚度不应小于100 kN/mm。本试验所使用的上海华龙600 kN微机控制电液伺服万能试验机,可满足试验所需刚度要求,保证获得较完整的试验曲线,试验装置如图8-2~图8-4所示。图8-2中加载垫板采用截面尺寸为10 mm×5 mm的钢板制得,其长度不应小于120 mm,支座应满足稳定传力的要求,可用试验机配置的滚动支座,支座长度应大于试块厚度。

试验过程中荷载由荷载传感器进行测量,试验中使用的荷载传感器最大量程为50 kN,精度不低于1%。裂缝口张开位移采用

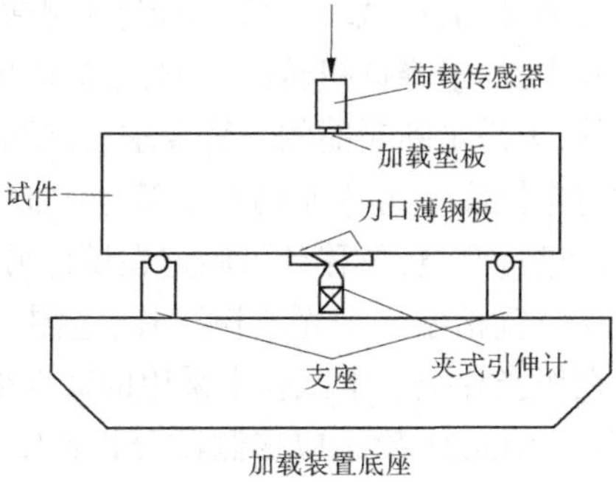

图 8-2　试验装置示意图

图 8-3　裂缝口张开位移及荷载采集

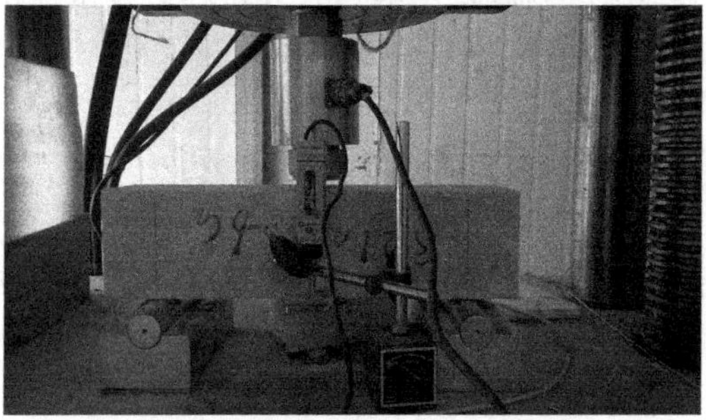

图 8-4　试件跨中挠度及荷载采集装置

夹式引伸计进行测量,需在试块底部预制缝两侧粘贴刀口薄钢板,将引伸计嵌于其中,尽量降低扭转的影响,本试验中采用特制刀片进行替代。另外,为满足断裂能的计算要求,在试验过程中需要同步采集试件的跨中挠度。与弯曲韧性试验中类似,试件跨中挠度采用电测位移计进行测量,位移计可固定在试件另一侧面,并在该侧试件底部中央位置粘贴一个光滑树脂片,电测位移计端部需压缩适宜长度顶在树脂片上。本试验中采用的数据采集系统为江苏东华测试生产的 DH3821 静态应变测试分析系统,可以实现荷载和位移的同步采集及存储,采集频率为 2 Hz。

8.2.3 试验过程

试验前应调节试块及支座位置,保证三点弯曲梁预制缝与试验机上压板中心线对应,避免由对中问题对试验结果产生的影响。

试验开始前,打开与荷载传感器、夹式引伸计以及电测位移计等相连的数据采集系统软件,检查各个测点是否可以正常工作,检查完毕后进行测点平衡,各测点初始值归零,然后开启试验机正式进入试验采集过程。根据试验要求,试验过程采用位移控制模式进行,加载速率为 0.05 mm/min。通过数据采集系统同步采集并存储试验过程中实时荷载、裂缝口张开位移以及试件跨中挠度变化情况。

8.3 断裂模型

本书试验对纳米粒子 PVA 纤维水泥基复合材料断裂性能评价根据《水工混凝土断裂试验规程》(DL/T 5332—2005)中用带切口的三点弯曲梁确定混凝土的断裂韧性 K_{IC} 的相关规定。该规程是在国内外研究的基础上,参照虚拟裂缝模型(FCM)、双参数模型(TPFM)、有效裂缝模型(ECM)、双 K 断裂模型等的基础上制定的。而规程中各参数的计算公式均按照双 K 断裂模型的理论进行引用及推导。

双 K 断裂模型是以线弹性断裂力学为基础，同时考虑从作用在断裂过程区上的黏聚力的影响而建立起来的混凝土非线性断裂模型。该模型使用了两个基本的断裂参数来描述混凝土的断裂破坏过程，分别是起裂韧度 K_{IC}^{Q} 和失稳韧度 K_{IC}^{S}。起裂韧度表示初始起裂状态下对应的断裂韧度，失稳韧度表示失稳状态下对应的断裂韧度。根据双 K 断裂模型的研究思路，当应力强度因子值达到起裂韧度时，裂缝起裂；当应力强度因子值大于起裂韧度小于失稳韧度时，裂缝处于稳定扩展阶段；当应力强度因子值大于失稳韧度时，裂缝处于失稳扩展阶段。因此可根据这两个断裂参数来判断裂缝的发展状态：当 $K_I<K_{IC}^{Q}$ 时，裂缝稳定；当 $K_I=K_{IC}^{Q}$ 时，裂缝起裂；当 $K_{IC}^{Q}<K_I<K_{IC}^{S}$ 时，裂缝处于稳定扩展阶段；当 $K_I=K_{IC}^{S}$ 时，裂缝处于临界状态；当 $K_I>K_{IC}^{S}$ 时，裂缝处于失稳扩展阶段[84]。

8.4　双 K 断裂参数的确定

8.4.1　临界有效裂缝长度 a_c

在双 K 断裂准则中，当裂缝的长度由初始长度 a_0 增加到临界有效裂缝长度 a_c 前，裂缝的发展是稳定且缓慢的，当其达到 a_c 后，裂缝将进入快速失稳扩展阶段。根据相关假定，当荷载值达到峰值 F_{max} 时，裂缝张口位移达到临界值 V_c，裂缝长度达到临界有效裂缝长度 a_c。根据试验测得的荷载-裂缝张口位移曲线上的荷载峰值 F_{max} 及曲线上升直线段一组对应的 V、F 值并由式(8-1)、式(8-2)求得临界有效裂缝长度 a_c：

$$a_c = \frac{2}{\pi}(h + h_0)\arctan\sqrt{\frac{tEV_c}{32.6F_{max}} - 0.1135} - h_0 \quad (8\text{-}1)$$

$$E = \frac{1}{tc_i}\left[3.7 + 32.6\tan^2\left(\frac{\pi}{2}\frac{a_0 + h_0}{h + h_0}\right)\right] \quad (8\text{-}2)$$

式中：h 为试件高度，m，按 0.1 m 计算；h_0 为装置夹式引申计刀片厚度，m，按 0.001 m 计算；t 为试件厚度，m，按 0.1 m 计算；E 为计算弹性模量，GPa；V_c 为裂缝开口位移临界值，μm；F_{max} 为峰值荷载，kN；a_0 为初始裂缝长度，m，按 0.04 m 计算；c_i 为试件的初始值，$c_i = \frac{V_i}{F_i}$，μm/kN，F_i、V_i 可取荷载-裂缝开口位移曲线直线上升段上任意一点的 F、V 值。

8.4.2 失稳韧度 K_{IC}^{S} 计算

失稳韧度 K_{IC}^{S} 由式(8-3)、式(8-4)计算。

$$K_{IC}^{S} = \frac{1.5 \times \left(F_{max} + \frac{mg}{2} \times 10^{-2}\right) \times 10^{-3} S\sqrt{a_c}}{th^2} f(\alpha) \quad (8\text{-}3)$$

$$f(\alpha) = \frac{1.99 - \alpha(1-\alpha)(2.15 - 3.93\alpha + 2.7\alpha^2)}{(1+2\alpha)(1-\alpha)^{3/2}}, \alpha = \frac{a_c}{h} \quad (8\text{-}4)$$

式中：K_{IC}^{S} 为失稳韧度，MPa · m$^{1/2}$；m 为支座间的试件质量，kg，可用试件总质量按 S/L 的比例进行折算；g 为重力加速度，按 9.81 m/s^2 计算；S 为两支座间的跨度，m，按 0.3 m 计算；a_c 为临界有效裂缝长度，m。

8.4.3 起裂韧度 K_{IC}^{Q} 计算

起裂韧度 K_{IC}^{Q} 由式(8-5)、式(8-6)计算。

$$K_{IC}^{Q} = \frac{1.5 \times \left(F_Q + \frac{mg}{2} \times 10^{-2}\right) \times 10^{-3} S\sqrt{a_0}}{th^2} f(\alpha) \quad (8\text{-}5)$$

$$f(\alpha)=\frac{1.99-\alpha(1-\alpha)(2.15-3.93\alpha+2.7\alpha^{2})}{(1+2\alpha)(1-\alpha)^{3/2}},\alpha=\frac{a_0}{h} \tag{8-6}$$

式中：K_{IC}^{Q} 为起裂韧度，MPa · $m^{1/2}$；F_Q 为起裂荷载，kN，荷载-裂缝开口位移曲线上升段由直线变为曲线转折点对应的荷载值。式中各特征点如图 8-5 断裂试验荷载-位移曲线及其特征点所示。

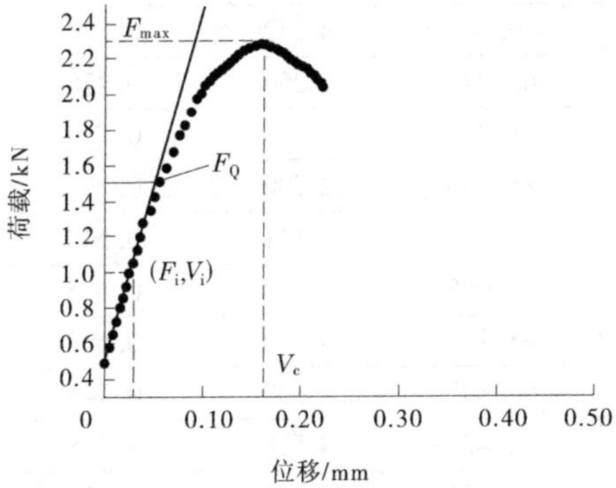

图 8-5　断裂试验荷载-位移曲线及其特征点

8.5　断裂韧度结果及分析

将断裂韧性试验结果代入式(8-1)～式(8-6)中，可计算出纳米粒子 PVA 纤维水泥基复合材料各组试件断裂试验中的临界有效裂缝长度 a_c、峰值荷载 P_{max}、起裂韧度 K_{IC}^{Q} 及失稳韧度 K_{IC}^{S} 。

8.5.1　PVA 纤维掺量对水泥基复合材料断裂韧度的影响

当 PVA 纤维掺量变化时对应配合比试块断裂韧性计算结果如表 8-1 所示。PVA 纤维掺量对水泥基复合材料断裂韧性的影响如表 8-1 及图 8-6~图 8-8 所示。

表 8-1　纤维掺量变化时断裂韧度试验结果

试验编号	临界有效裂缝长度 a_c/mm	峰值荷载 P_{max}/N	起裂韧度 K_{IC}^{Q}/(MPa · $m^{1/2}$)	失稳韧度 K_{IC}^{S}/(MPa · $m^{1/2}$)
0-0-b	47.449	3 077	0.489	0.786
0.3-0-b	50.108	3 785	0.561	0.872
0.6-0-b	56.815	4 615	0.673	1.829
0.9-0-b	66.066	4 872	0.730	1.986
1.2-0-b	68.779	5 256	0.778	2.559
1.5-0-b	61.281	4 915	0.754	2.349
0-2.0-b	45.246	2 790	0.494	0.676
0.3-2.0-b	49.262	3 141	0.549	0.847
0.6-2.0-b	62.055	4 110	0.673	1.826
0.9-2.0-b	63.152	4 228	0.695	1.931
1.2-2.0-b	64.397	4 630	0.745	2.125
1.5-2.0-b	58.420	4 516	0.728	1.992
0-2.0-b(C)	46.937	2 329	0.408	0.666
0.9-2.0-b(C)	61.650	3 059	0.503	1.288

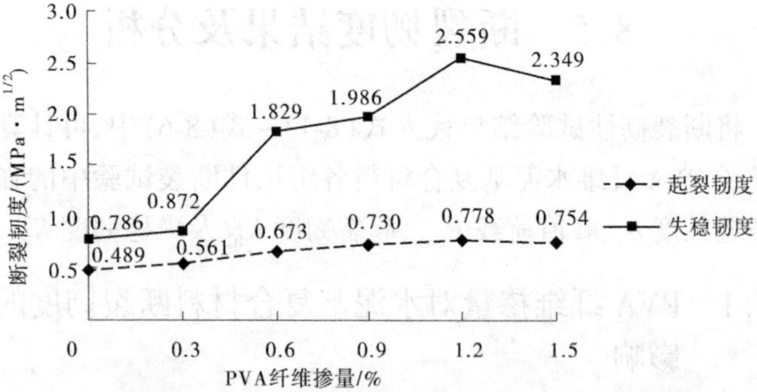

图 8-6　未掺加纳米粒子时 PVA 纤维掺量对断裂韧度的影响

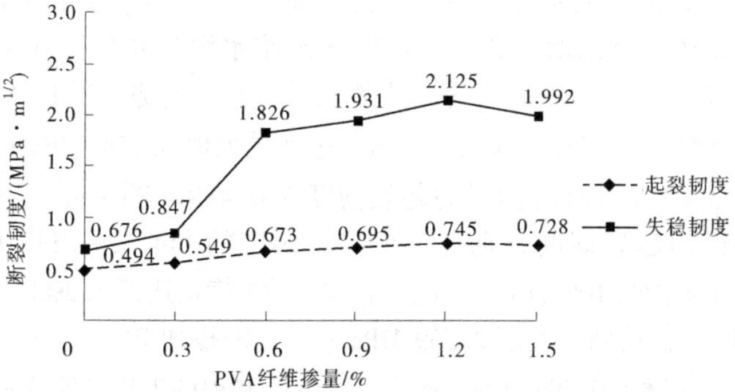

图 8-7　纳米 SiO_2 掺量为 2.0%时 PVA 纤维掺量对断裂韧度的影响

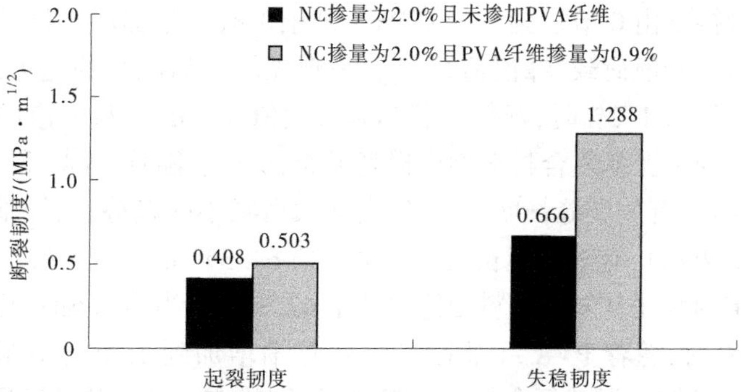

图 8-8　纳米 $CaCO_3$ 掺量为 2.0%时 PVA 纤维对断裂韧度的影响

由表 8-1、图 8-6 可知，当未掺加纳米粒子时，随着 PVA 纤维掺量由 0 增加到 1.5%，PVA 纤维可有效地提高水泥基复合材料的峰值荷载，峰值荷载 P_{max} 呈现先增大后减小的趋势，当 PVA 纤维掺量为 1.2%，峰值荷载达到最大值 5 256 N，与未掺加 PVA 纤维的水泥基复合材料相比提高了 70.82%。随着 PVA 纤维掺量的增加，有效裂缝长度 a_c 呈现先增大后减小的趋势，当 PVA 纤维掺量为 1.2%时，有效裂缝长度达到最大值 68.779 mm，与未掺加

PVA 纤维的水泥基复合材料相比提高了 44.95%。随着 PVA 纤维掺量由 0 逐渐增加到 1.5%,PVA 纤维水泥基复合材料的起裂韧度 K_{IC}^{Q}、失稳韧度 K_{IC}^{S} 均呈现先增大后减小的趋势。当 PVA 纤维掺量达到 1.2%时,其起裂韧度 K_{IC}^{Q} 达到最大值 0.778 MPa · m$^{1/2}$,未掺加 PVA 纤维时测得的起裂韧度为 0.489 MPa · m$^{1/2}$,其余 5 组测得的起裂韧度分别是该组起裂韧度的 114.72%、137.63%、149.28%、159.10%、154.19%。当 PVA 纤维掺量达到 1.2%时,其失稳韧度 K_{IC}^{S} 达到最大值 2.559 MPa · m$^{1/2}$,未掺加 PVA 纤维时测得的失稳韧度为 0.786 MPa · m$^{1/2}$,其余 5 组测得的失稳韧度分别是该组失稳韧度的 110.94%、232.70%、252.67%、325.57%、298.85%。

由表 8-1、图 8-7 可知,当纳米 SiO_2 掺量为 2.0%时,随着 PVA 纤维掺量由 0 增加到 1.5%,PVA 纤维可有效地提高水泥基复合材料的峰值荷载,峰值荷载 P_{max} 呈现先增大后减小的趋势;当纤维掺量为 1.2%时,峰值荷载达到最大值 4 630 N,与未掺加 PVA 纤维的水泥基复合材料相比提高了 65.95%。随着 PVA 纤维掺量的增加,有效裂缝长度 a_c 呈现先增大后减小的趋势,当纤维掺量为 1.2%时,有效裂缝长度达到最大值 64.397 mm,与未掺加 PVA 纤维的水泥基复合材料相比提高了 42.33%。当纳米 SiO_2 掺量为 2.0%时,随着 PVA 纤维掺量由 0 逐渐增加到 1.5%,纳米粒子 PVA 纤维水泥基复合材料的起裂韧度 K_{IC}^{Q} 与失稳韧度 K_{IC}^{S} 呈现先增大后减小的趋势。当 PVA 纤维掺量达到 1.2%时,其起裂韧度 K_{IC}^{Q} 达到最大值 0.745 MPa · m$^{1/2}$,未掺加 PVA 纤维时测得的起裂韧度为 0.494 MPa · m$^{1/2}$,其他 5 组测得的起裂韧度分别为该组起裂韧度的 111.13%、136.23%、140.69%、150.81%、147.37%。当 PVA 纤维掺量达到 1.2%时,其失稳韧度 K_{IC}^{S} 达到最大值 2.125 MPa · m$^{1/2}$,未掺加 PVA 纤维时测得的失稳韧度为 0.676 MPa · m$^{1/2}$,其他 5 组测得的失稳韧度分别为该组起裂失稳韧度的 125.30%、270.12%、285.65%、314.35%、294.67%。

由表 8-1、图 8-8 可看出，当纳米 $CaCO_3$ 掺量为 2.0%时，对仅设置的 2 组对照组试验结果分析可知，当 PVA 纤维掺量为 0.9%时，纳米粒子 PVA 纤维水泥基复合材料的起裂韧度 K_{IC}^{Q}、失稳韧度 K_{IC}^{S} 分别达到了 0.503 MPa · $m^{1/2}$、1.288 MPa · $m^{1/2}$，与 PVA 纤维掺量为 0 时的 0.408 MPa · $m^{1/2}$、0.666 MPa · $m^{1/2}$ 相比，分别提高了 23.3%和 93.4%。纤维掺量为 0.9%时的峰值荷载和有效裂缝长度有所提高，分别是未掺加纤维的 31.37%和 31.35%。

根据上述分析可知，无论基体中是否掺加纳米粒子以及掺加纳米粒子种类，PVA 纤维的加入均可以显著提高其断裂韧度，且随着 PVA 纤维掺量的增加，其起裂韧度、失稳韧度均呈现先增大后减小的趋势。一方面由于 PVA 纤维具有阻裂作用，可以延缓裂缝出现的时机；另一方面当裂缝出现后，跨越裂缝的纤维可以有效地阻止裂缝的发展。因此。纤维的掺入可以有效地提高材料的起裂韧度和失稳韧度。根据分析可知，PVA 纤维的加入对失稳韧度的增强效果要高于对起裂韧度的增强效果，可有效地延缓断裂失稳状态的时机。

8.5.2 纳米粒子对 PVA 纤维水泥基复合材料断裂韧度的影响

纳米粒子掺量对 PVA 纤维水泥基复合材料断裂韧性的影响如表 8-2、图 8-9、图 8-10 所示。

表 8-2 纳米粒子掺量变化时断裂韧度试验结果

试验编号	有效裂缝长度 a_c/mm	峰值荷载 P_{max}/N	起裂韧度 K_{IC}^{Q}/(MPa · $m^{1/2}$)	失稳韧度 K_{IC}^{S}/(MPa · $m^{1/2}$)
0.9-0-b	66.066	4 872	0.730	1.986
0.9-1.0-b	68.832	4 934	0.748	2.029

续表 8-2

试验编号	有效裂缝长度 a_c/mm	峰值荷载 P_{max}/N	起裂韧度 K_{IC}^{Q}/(MPa · $m^{1/2}$)	失稳韧度 K_{IC}^{S}/(MPa · $m^{1/2}$)
0.9-1.5-b	69.572	4 973	0.776	2.122
0.9-2.0-b	63.152	4 228	0.695	1.931
0.9-2.5-b	61.938	3 452	0.599	1.469
0.9-2.0-b(C)	61.650	3 059	0.503	1.288

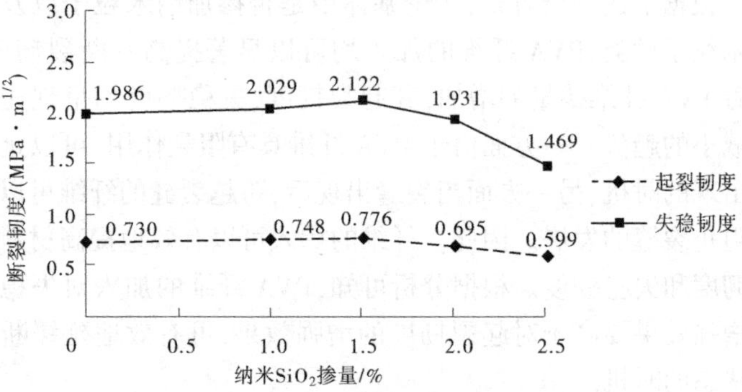

图 8-9 纳米 SiO_2 掺量对断裂韧度的影响

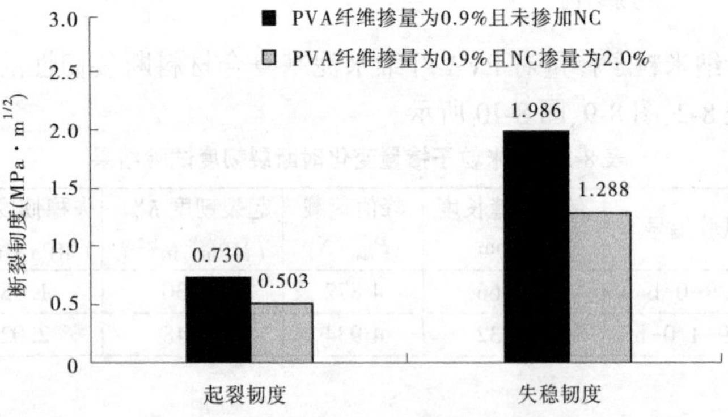

图 8-10 纳米 $CaCO_3$ 对断裂韧度的影响

根据表 8-2 可知,当 PVA 纤维掺量为 0.9%时,随着纳米 SiO_2 掺量由 0 增加到 2.5%,峰值荷载 P_{max} 呈现先增大后减小的趋势,当纳米 SiO_2 掺量为 1.5%时,峰值荷载达到最大值 4 973 N,与未掺加纳米 SiO_2 的 PVA 纤维水泥基复合材料相比提高了 2.07%。随着纳米 SiO_2 掺量的增加,有效裂缝长度 a_c 呈现先增大后减小的趋势,当纳米 SiO_2 掺量为 1.5%时,有效裂缝长度达到最大值 69.572 mm,与未掺加纳米 SiO_2 的 PVA 纤维水泥基复合材料相比提高了 5.31%。

根据表 8-2 和图 8-9 可知,当 PVA 纤维掺量固定为 0.9%时,随着纳米 SiO_2 掺量由 0 增加到 2.5%,纳米粒子 PVA 纤维水泥基复合材料的起裂韧度和失稳韧度均呈现先增大后减小的趋势,当纳米 SiO_2 掺量达到 1.5%时,起裂韧度和失稳韧度均达到最大值,分别为 0.776 $MPa \cdot m^{1/2}$、2.122 $MPa \cdot m^{1/2}$。未掺加纳米 SiO_2 时测得的起裂韧度为 0.730 $MPa \cdot m^{1/2}$,其余 4 组测得的起裂韧度分别是该组起裂韧度的 102.47%、106.30%、95.21%、82.05%。未掺加纳米 SiO_2 时测得的失稳韧度 K_{IC}^{S} 为 1.986 $MPa \cdot m^{1/2}$,其余 4 组测得的失稳韧度分别是该组失稳韧度的 102.17%、106.85%、97.23%、73.97%。加入纳米 SiO_2 后,可在一定的掺量范围内使得纳米粒子 PVA 纤维水泥基复合材料的起裂韧度 K_{IC}^{Q}、失稳韧度 K_{IC}^{S} 有所提高,但随着纳米 SiO_2 掺量的继续增加,其起裂韧度 K_{IC}^{Q}、失稳韧度 K_{IC}^{S} 均有所下降。由于纳米 SiO_2 颗粒极细,当在一定范围掺入 PVA 纤维水泥基复合材料时,可是水泥基复合材料相对密实,减小了其内部的原始缺陷,提高其承载能力,从而使得纳米粒子水泥基复合材料的断裂韧度均有所提高,但是随着其掺量的进一步增加,使得材料更加均匀、密实,水泥基复合材料的脆性也有所提高,从而导致其断裂韧度均有所降低。

根据表 8-2、图 8-10 可知，当 PVA 纤维掺量固定为 0.9%，纳米 $CaCO_3$ 掺量为 2.0%时，测得的纳米粒子 PVA 纤维水泥基复合材料的起裂韧度 K_{IC}^{Q}、失稳韧度 K_{IC}^{S} 分别为 0.503 MPa · $m^{1/2}$、1.288 MPa · $m^{1/2}$，与未掺加纳米粒子的相比，分别降低了 31.1%、35.1%。另外，由表 8-2 可知，测得的峰值荷载与有效裂缝长度，与未掺加纳米 $CaCO_3$ 的相比均有所降低。此外，与 PVA 纤维掺量为 0.9%，纳米 SiO_2 掺量为 2.0%时水泥基复合材料的起裂韧度 K_{IC}^{Q}、失稳韧度 K_{IC}^{S} 相比，则分别降低了 27.6%、33.3%。由此可见，当纳米 $CaCO_3$ 掺量为 2.0%时，测得纳米粒子 PVA 纤维水泥基复合材料的起裂韧度 K_{IC}^{Q}、失稳韧度 K_{IC}^{S} 与掺加纳米 $CaCO_3$ 相比有所降低，且其降低程度均大于同等掺量情况下掺加纳米 SiO_2 材料时断裂韧度的降低情况。

8.5.3 石英砂粒径对水泥基复合材料断裂韧度的影响

石英砂粒径对纳米粒子 PVA 纤维水泥基复合材料断裂韧性的影响如表 8-3、图 8-11 所示。

表 8-3 石英砂粒径变化时断裂韧度试验结果

试验编号	有效裂缝长度 a_c/mm	峰值荷载 P_{max}/N	起裂韧度 K_{IC}^{Q}/(MPa · $m^{1/2}$)	失稳韧度 K_{IC}^{S}/(MPa · $m^{1/2}$)
0.9-2.0-a	65.309	4 425	0.723	1.963
0.9-2.0-b	63.152	4 228	0.695	1.931
0.9-2.0-c	61.996	4 041	0.673	1.760
0.9-2.0-d	60.845	3 956	0.571	1.725

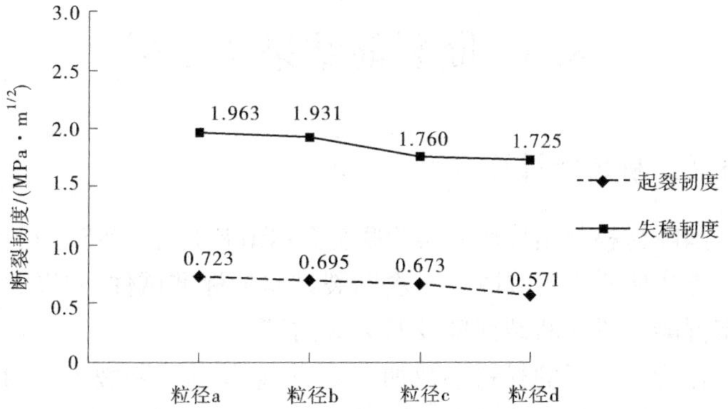

图 8-11　石英砂粒径对断裂韧度的影响

根据表 8-3、图 8-11 可知，随着石英砂粒径的逐渐减小，纳米粒子 PVA 纤维水泥基复合材料的峰值荷载呈逐渐减小的趋势，粒径最大时测得的峰值荷载 P_{max} 为 4 425 N，其余 3 组的峰值荷载分别是该组峰值荷载的 95.55%、91.32%、89.40%。有效裂缝长度 a_c 也随石英砂粒径的减小呈逐渐减小的趋势，粒径最大时测得的有效裂缝长度为 65.309 mm，其余 3 组的有效裂缝长度分别为该组有效裂缝长度的 96.70%、94.93%、93.16%。纳米粒子 PVA 纤维水泥基复合材料的起裂韧度 K_{IC}^{Q}、失稳韧度 K_{IC}^{S} 均呈现逐渐减小的趋势。石英砂粒径最大时的水泥基复合材料其起裂韧度 K_{IC}^{Q}、失稳韧度 K_{IC}^{S} 分别为 0.723 MPa · m$^{1/2}$、1.963 MPa · m$^{1/2}$，其余 3 组测得的起裂韧度分别为其起裂韧度的 96.13%、93.08%、78.98%，其余 3 组测得的失稳韧度分别为其失稳韧度的 98.35%、89.66%、87.88%。由此可知，随着石英砂粒径的逐渐减小，纳米粒子 PVA 纤维水泥基复合材料的断裂韧度呈现逐渐减小趋势。

8.6 断裂能结果及分析

8.6.1 断裂能计算

国际材料与结构研究实验联合会(RILEM)于 1985 年提出,使用三点弯曲梁作为混凝土材料断裂试验的标准试件,并以此用于测定混凝土材料断裂韧度及断裂能的试验方法。断裂能 G_F 此后开始作为一项新的材料参数加以使用,它是基于断裂力学的概念发展起来的能够反映混凝土抗裂能力的一项力学指标。断裂能表示当单位面积裂缝扩展单位长度所做的功。

断裂能试验与断裂韧度试验同步进行,须在试块受压面的侧面布置电子位移计装置用于同步采集试验过程中试件的跨中挠度数据变化。经过数据处理获得试验过程中的荷载-挠度(P-δ)曲线,并根据断裂能公式计算各配合比断裂能结果,并对其进行分析。图 8-12 为三点弯曲梁典型荷载-挠度曲线,曲线下面积为外荷载所做的功。

当采用带切口的三点弯曲梁作为断裂试验的标准试件时,认为形成裂缝所需的能量由外力 P 和梁及其上附加重量所做功来提供,因此断裂能可按下式计算:

$$G_F = \frac{1}{b(h-a_0)}\left[\int_0^{\delta_{max}} P(\delta)\,d\delta + mg\delta_0\right] = \frac{1}{b(h-a_0)}(W_0 + mg\delta_0) = \frac{W_0}{A} + \frac{mg\delta_0}{A} \tag{8-7}$$

式中:G_F 为断裂能,N/m;W_0 为三点弯曲梁断裂试验荷载-跨中挠度(P-δ)全曲线下的面积,m^2;A 为韧带面积,m^2,$A=\frac{1}{b(h-a_0)}$,b、h、a_0 分别为试件的宽度、高度及预制裂缝的深度,单位均为 m;

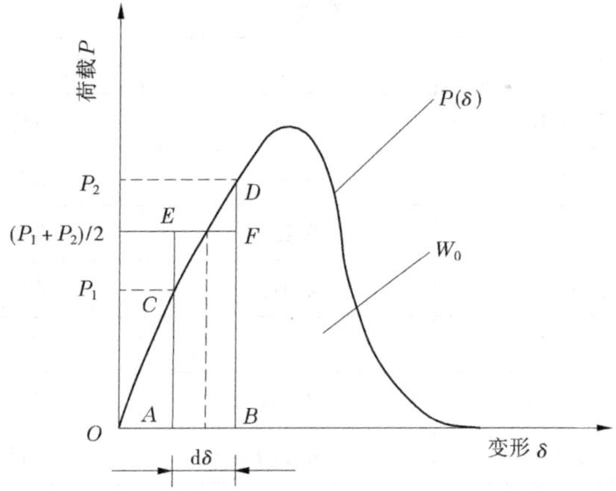

图 8-12　荷载-挠度典型曲线

$m=m_1+m_2$,kg,m_1 为试件两支点间的质量,可用梁重乘以 S/L 求得,m_2 为试件上方与试验机不连接的加载装置质量;δ_0 为试件最终破坏时的跨中挠度,m。

根据式(8-7)计算各组试件的断裂能,并对试验结果进行分析处理。

8.6.2　PVA 纤维掺量对水泥基复合材料断裂能的影响

当 PVA 纤维掺量变化时对应配合比试块断裂能的计算结果如表 8-4 所示。PVA 纤维掺量对纳米粒子 PVA 纤维水泥基复合材料断裂能的影响如表 8-4 及图 8-13～图 8-15 所示。

表 8-4　纤维掺量变化时断裂能试验结果

试验编号	峰值荷载/N	断裂能/(N/m)
0-0-b	3 077	49.145
0.3-0-b	3 785	195.817

续表 8-4

试验编号	峰值荷载/N	断裂能/(N/m)
0.6-0-b	4 615	437.000
0.9-0-b	4 872	526.418
1.2-0-b	5 256	815.526
1.5-0-b	4 915	694.744
0-2.0-b	2 790	55.400
0.3-2.0-b	3 141	206.872
0.6-2.0-b	4 110	441.087
0.9-2.0-b	4 228	509.225
1.2-2.0-b	4 630	675.412
1.5-2.0-b	4 516	664.408
0-2.0-b(C)	2 329	53.521
0.9-2.0-b(C)	3 059	475.137

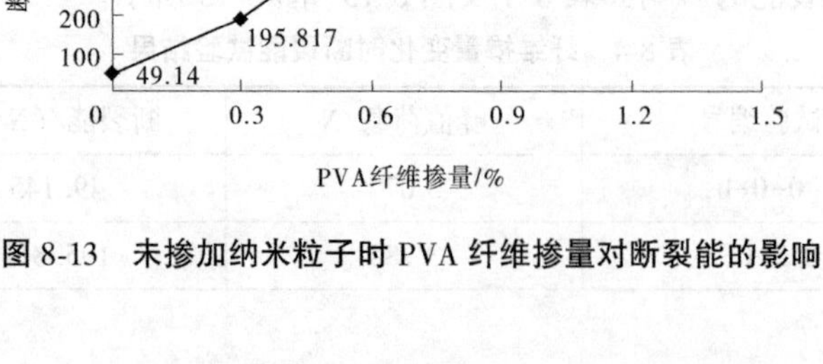

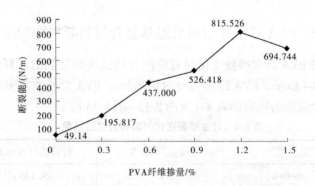

图 8-13 未掺加纳米粒子时 PVA 纤维掺量对断裂能的影响

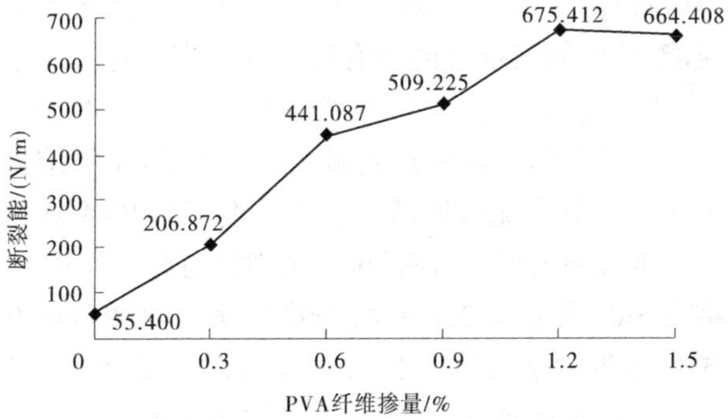

图 8-14　纳米 SiO_2 掺量为 2.0%时 PVA 纤维掺量对断裂能的影响

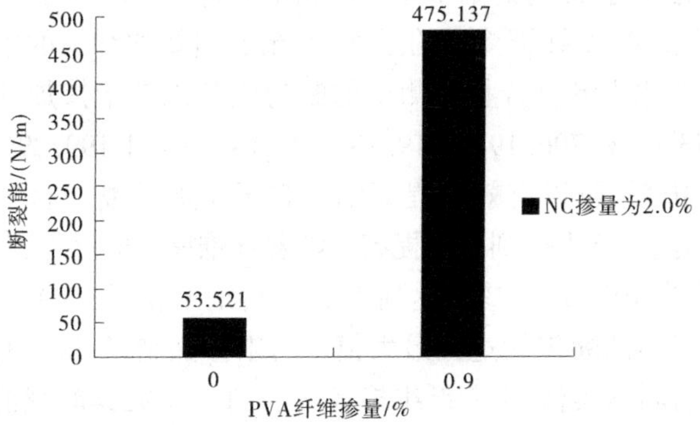

图 8-15　纳米 $CaCO_3$ 掺量为 2.0%时 PVA 纤维对断裂能的影响

当未掺加纳米粒子时，随着 PVA 纤维掺量由 0 逐渐增加到 1.5%，测得的 PVA 纤维水泥基复合材料的断裂能呈现先增大后减小的趋势，当 PVA 纤维掺量为 1.2%时，其断裂能达到最大值 815.526 N/m。当未掺加 PVA 纤维时，测得水泥基复合材料的断裂能为 49.145 N/m，随着 PVA 纤维掺量的增加，其他 5 组掺加纤维的纤维水泥基复合材料测得的断裂能分别是未掺加纤维断裂能的 398.45%、889.21%、1 071.15%、1 659.43%、1 413.66%。由此可见,当基体内加入PVA纤维后,可以显著地提高水泥基复合材料的断裂能,从而使其抗裂能力有显著的提高。随着纤维掺量的增加,断裂能也逐渐增大,当PVA纤维掺量达到1.2%时,PVA纤维水泥基复合材料的断裂能达到最大值。当PVA纤维掺量继续增大到1.5%时,断裂能有所减小。这是由于当PVA纤维掺量过大时试件内部孔隙的增多,使得试件抗裂能力有所下降。

当纳米SiO_2掺量为2.0%时,随着PVA纤维掺量由0逐渐增加到1.5%,测得的纳米粒子PVA纤维水泥基复合材料的断裂能呈现先增大后减小的趋势。当PVA纤维掺量为1.2%时,其断裂能达到最大值675.412 N/m。在纳米SiO_2掺量为2.0%,PVA纤维掺量为0时,测得的纳米粒子水泥基复合材料的断裂能为55.4 N/m,随着PVA纤维掺量的增加,其余5组掺加纤维的纳米粒子PVA纤维水泥基复合材料测得的断裂能分别是未掺加纤维断裂能的373.42%、796.19%、919.18%、1 219.16%、1 199.29%。掺入PVA纤维后,可以有效地提高纳米粒子水泥基复合材料的断裂能,使其抗裂能力得到显著提高。随着纤维掺量的增加,断裂能逐渐增大,当PVA纤维掺量达到1.2%时,纳米粒子PVA纤维水泥基复合材料的断裂能达到最大值。与未掺加纳米SiO_2的纤维水泥基复合材料类似,随着纤维掺量增加到1.5%,其断裂能也出现了减小的趋势。

对于纳米$CaCO_3$掺量为2.0%的对照组,当未掺加纤维时,测得水泥基复合材料断裂能为53.521 N/m;当纤维掺量为0.9%时,测得纳米粒子PVA纤维水泥基复合材料断裂能为475.137 N/m,是未掺加纤维的断裂能的887.76%。

图8-16~图8-18表示未掺加纳米粒子以及纳米SiO_2、纳米$CaCO_3$掺量为2.0%时水泥基复合材料断裂能试验的荷载-挠度曲线。

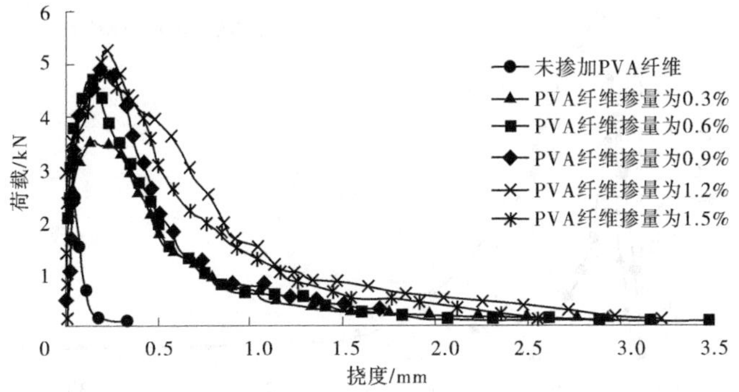

图 8-16　未掺加纳米粒子时不同 PVA 纤维掺量荷载-挠度曲线比较

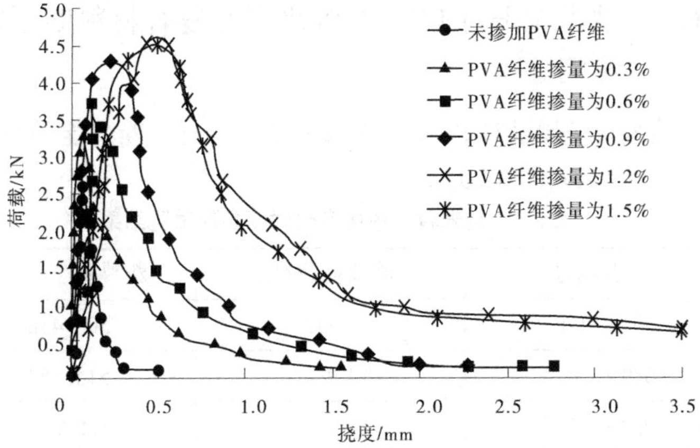

图 8-17　纳米 SiO_2 掺量为 2.0%时不同 PVA 纤维掺量荷载-挠度曲线比较

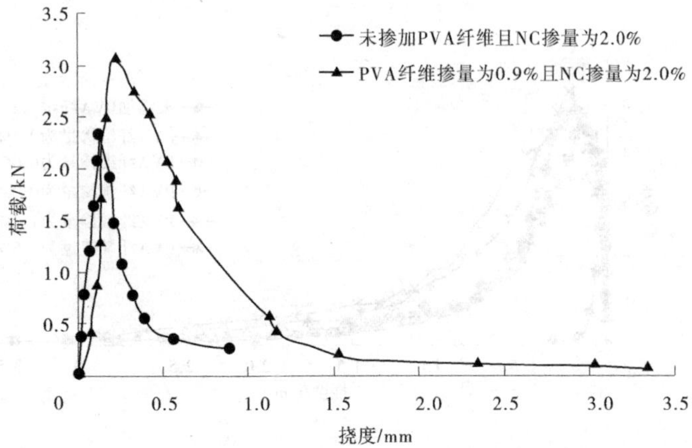

图 8-18　纳米 $CaCO_3$ 掺量为 2.0%时不同 PVA 纤维掺量荷载-挠度曲线比较

8.6.3　纳米粒子对 PVA 纤维水泥基复合材料断裂能的影响

纳米粒子掺量对 PVA 纤维水泥基复合材料断裂能的影响如表 8-5、图 8-19、图 8-20 所示。

表 8-5　纳米粒子掺量变化时断裂能试验结果

试验编号	峰值荷载/N	断裂能/(N/m)
0.9-0-b	4 872	506.418
0.9-1.0-b	4 934	514.953
0.9-1.5-b	4 973	520.084
0.9-2.0-b	4 228	509.225
0.9-2.5-b	3 452	470.675
0.9-2.0-b(C)	3 059	475.137

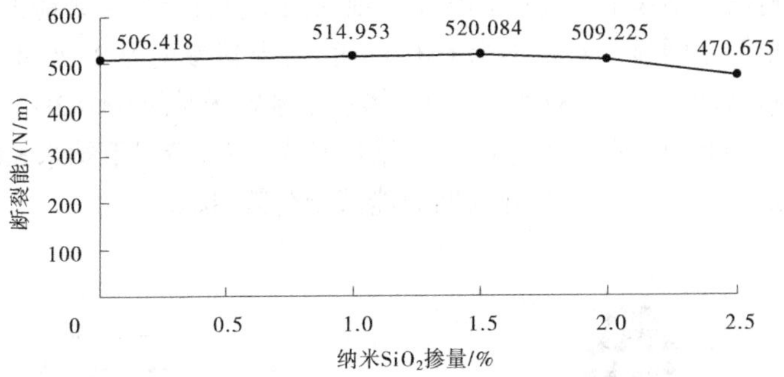

图 8-19 纳米 SiO_2 掺量变化对断裂能的影响

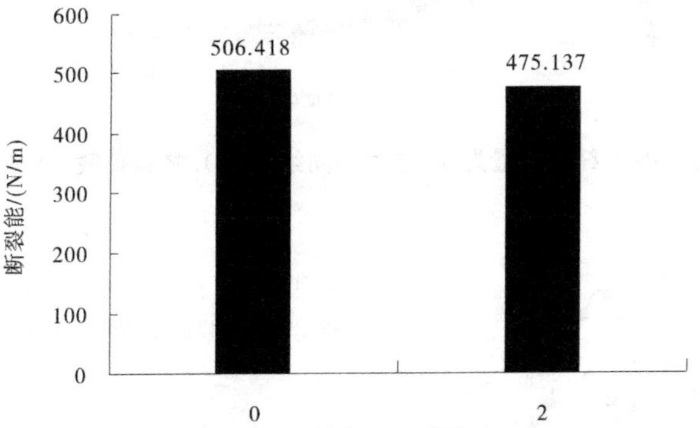

图 8-20 纳米 $CaCO_3$ 掺量变化对断裂能的影响

当 PVA 纤维掺量固定为 0.9%时，随着纳米 SiO_2 掺量由 0 增加到 2.5%，断裂能呈先增大后减小的趋势，当纳米 SiO_2 掺量为 1.5%时，测得的断裂能达到最大值为 520.084 N/m。当 PVA 纤维掺量为 0.9%且未掺加纳米 SiO_2 时测得 PVA 纤维水泥基复合材料的断裂能为 506.418 N/m，其余 4 组测得的断裂能分别为该组断裂能的 101.69%、102.70%、97.20%、92.94%。由此可见，当纳米 SiO_2 掺入 PVA 纤维水泥基复合材料后，可以提高水泥基复合材料的断裂能,但其对 PVA 纤维水泥基复合材料断裂能的提升效果并不明显。对于纳米 $CaCO_3$ 而言,当其掺量为 2.0%时测得的断裂能为 475.137 N/m,为未掺加纳米粒子时的 93.82%。

图 8-21、图 8-22 为 PVA 纤维掺量为 0.9%情况下纳米 SiO_2 以及纳米 $CaCO_3$ 掺量变化时断裂能试验荷载-挠度曲线。

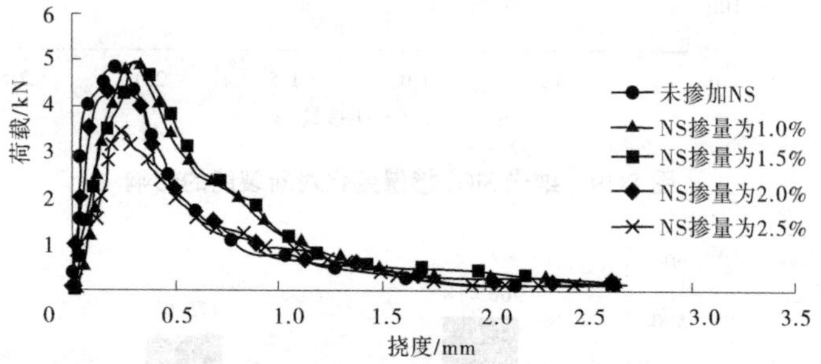

图 8-21　PVA 纤维掺量为 0.9%时不同纳米 SiO_2 掺量荷载-挠度曲线比较

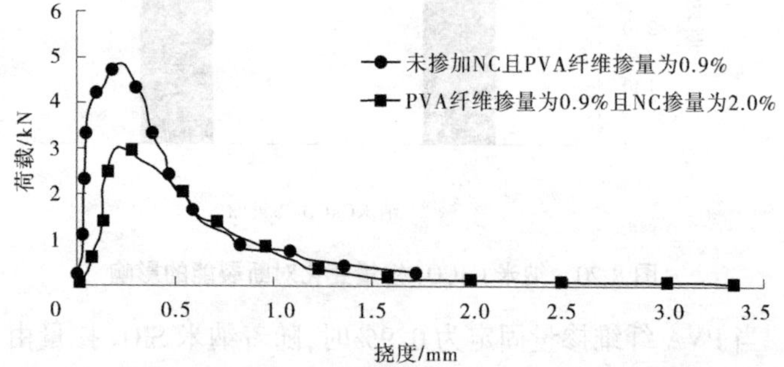

图 8-22　PVA 纤维掺量为 0.9%时不同纳米 $CaCO_3$ 掺量荷载-挠度曲线比较

8.6.4　石英砂粒径对水泥基复合材料断裂能的影响

石英砂粒径对纳米粒子 PVA 纤维水泥基复合材料断裂能的

影响如表 8-6、图 8-23 所示。

表 8-6　石英砂粒径变化时断裂能试验结果

试验编号	峰值荷载/N	断裂能/(N/m)
0.9-2.0-a	4 425	527.479
0.9-2.0-b	4 228	492.243
0.9-2.0-c	4 041	474.631
0.9-2.0-d	3 956	468.243

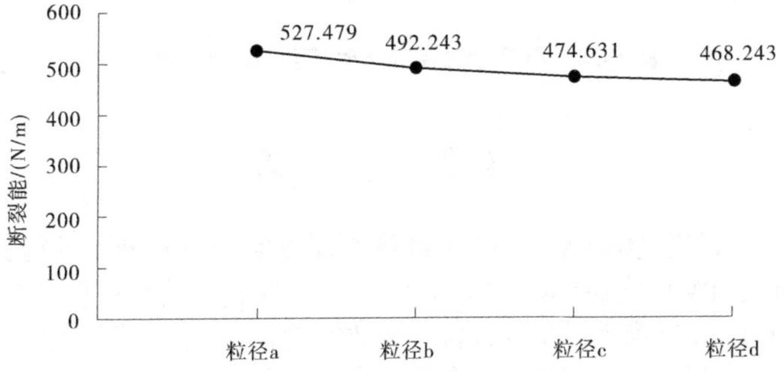

图 8-23　石英砂粒径对断裂能的影响

图 8-24 为石英砂粒径变化时断裂能试验荷载-挠度曲线。当 PVA 纤维掺量为 0.9%，纳米 SiO_2 掺量为 2.0%时，随着石英砂粒径的逐渐减小，纳米粒子 PVA 纤维水泥基复合材料的断裂能呈现逐渐减小趋势。当石英砂粒径最大时测得的断裂能为 527.479 N/m，随着石英砂粒径逐渐减小，其他 3 组测得的断裂能分别是该组断裂能的 93.32%、89.98%、88.77%。

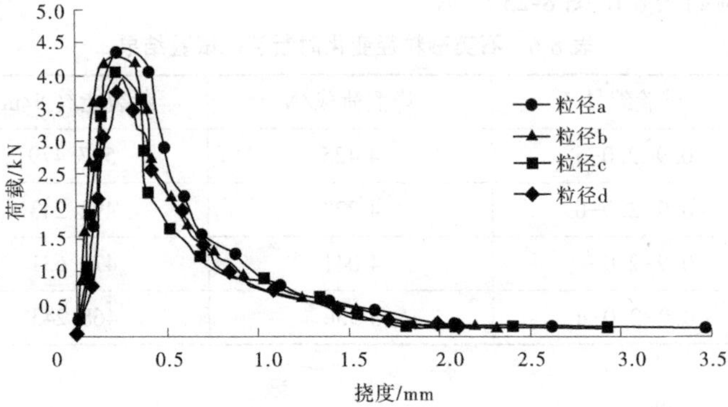

图 8-24 石英砂粒径变化时荷载-挠度曲线比较

8.7 小 结

本章通过纳米粒子 PVA 纤维水泥基复合材料断裂性能试验，研究了 PVA 纤维掺量、纳米粒子掺量及种类、石英砂粒径等对纳米粒子 PVA 纤维水泥基复合材料有效裂缝长度、断裂峰值荷载、起裂韧度、失稳韧度和断裂能等参数的影响。得到的主要结论如下：

(1)水泥基复合材料中掺入 PVA 纤维后，可以有效地提高有效裂缝长度、断裂峰值荷载、失稳韧度和断裂能，这些断裂参数随着 PVA 纤维掺量的增加均呈现先增大后减小的趋势，并且在 PVA 纤维掺量达到 1.2%时，各个断裂参数值均达到最大值。

(2)PVA 纤维水泥基复合材料中掺入纳米 SiO_2 粒子后，随着纳米 SiO_2 粒子掺量的增加，纳米粒子 PVA 纤维水泥基复合材料的有效裂缝长度、断裂峰值荷载、失稳韧度和断裂能等相关断裂参数呈现先增加后减小的趋势，并在纳米 SiO_2 粒子掺量为 1.5%时，均达到最大值。

(3)随着石英砂粒径的减小，纳米粒子 PVA 纤维水泥基复合材料有效裂缝长度、断裂峰值荷载、起裂韧度、失稳韧度和断裂能等相关断裂参数呈现逐渐减小的趋势。

第9章　纳米粒子和PVA纤维增强水泥基复合材料抗冻融性能

9.1 引　言

由于材料本身和使用环境的特点,水泥基材料存在耐久性不足的问题。在南方地区,钢筋的锈蚀是水泥基材料的主要破坏因素;而在北方地区,冻融破坏与钢筋锈蚀是两个相互促进的破坏因素,且冻融破坏往往发生在前。因此,提高水泥基材料的抗冻融性能对于提高水泥基材料的耐久性有重要意义。国内外学者研究成果表明,在水泥基材料中掺加PVA纤维或纳米SiO_2均可提高水泥基材料的抗冻融性能。PVA纤维的掺入可以抑制水泥基材料早期裂缝的产生,并限制外力作用下水泥基材料中裂缝的扩展,对提高水泥基材料的抗冻融性能有一定的促进作用。纳米SiO_2不仅能促进水泥水化,加速水化进程,同时未反应的纳米SiO_2颗粒被水泥水化产物包裹着,还起到颗粒填充的作用,从而使复合材料整体结构更为致密。因此,纳米SiO_2的加入可以提高水泥基材料的抗冻融性能。目前对于单掺PVA纤维或纳米SiO_2水泥基材料抗冻融性能的研究成果较多,而对于同时掺入PVA纤维和纳米SiO_2对水泥基复合材料抗冻性方面的研究较缺乏。因而,本书采用快冻试验法研究单掺PVA纤维、复掺纳米SiO_2和PVA纤维对水泥基复合材料抗冻融性能的影响。

9.2　试验概况

冻融循环试验按照《水工混凝土试验规程》(SL 352—2006)中抗冻融性能试验中的快冻法进行。试件在标准养护条件下养护 24 d 后从养护室取出，将试件放在(20±3)℃的清水中浸泡 4 d 后，用干净的毛巾擦除表面水分，并测量试件的初始动弹性模量，作为评定抗冻性的起始值。随即将试件放入试件盒，将试件盒放入冻融试验箱并注入清水，保持盒内水面高出试件顶面约 20 mm。测温试件采用防冻液作为冻融介质，放在冻融箱的中心位置，开始冻融试验。在饱和水状态下进行快速冻融试验，每隔 25 次冻融循环测量试件的动弹性模量，测量结束将试件两端互换位置重新装入试件盒内并加入清水继续试验。冻融试验出现以下两种情况之一者即可停止：①进行 300 个冻融循环；②相对动弹性模量下降至初始值的 60%。

9.3　PVA 纤维对水泥基复合材料抗冻融性能的影响

图 9-1 为不同 PVA 纤维掺量时水泥基复合材料相对动弹性模量与冻融循环次数的关系曲线，由图 9-1 可以看出，一定掺量的 PVA 纤维可增强水泥基复合材料的抗冻融性能。未掺加 PVA 纤维的水泥基复合材料试件 300 次冻融循环后相对动弹性模量为 78.2%，当 PVA 纤维体积掺量为由 0 增大到 0.9%时，水泥基复合材料试件的相对动弹性模量随着 PVA 纤维掺量增大而提高，冻融 300 次后相对动弹性模量增大到 91.1%，增大了 16.5%。但当 PVA 纤维体积掺量达到 1.2%时，水泥基复合材料试件 300 次冻融循环后的相对动弹性模量又降为 88.9%。从本试验可见，掺入

PVA纤维可以明显改善水泥基复合材料抗冻融性能。

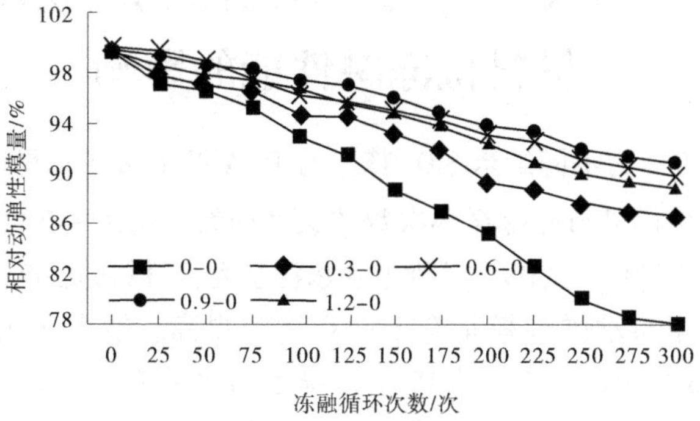

图9-1　PVA纤维对抗冻融性能的影响(未掺纳米SiO_2)

进行冻融试验前,所有试件表面光滑、无凹坑。随着试验的进行,未掺加PVA纤维的水泥基材料试件表面出现一定数量的小孔洞,由于试件表面砂浆中气孔内的水在冻融循环过程中结冰后产生膨胀压力,表面硬化的水泥浆体在膨胀应力作用下出现块状剥落。而掺加PVA纤维的水泥基复合材料在冻融循环过程中,试件表面无明显变化。水泥基体内部乱向分布的PVA纤维相互搭接阻碍了内部空气的溢出,增大了水泥基体内部的含气量,增大了水泥基体内部的含气量,缓解了低温循环过程中的静水压力和渗透压力;另外,由于PVA纤维直径小,单位质量的纤维数量庞大,纤维间距小,增加了水泥基复合材料冻融损伤过程中的能量损耗,有效地抑制了水泥基复合材料的膨胀开裂,有益于水泥基复合材料抗冻融性能的提高。PVA纤维对水泥基复合材料抗冻融性能的提高存在一个临界值,这个临界值即PVA纤维最优掺量,当PVA纤维超过最优掺量时,单位体积水泥基复合材料中分布的纤维根数多、间距小,造成了相邻纤维界面区的相互重叠,薄弱截面数量多,界面区的微观结构十分松散,对提高抗冻融性能不利。

9.4 纳米 SiO_2 对 PVA 纤维水泥基复合材料抗冻融性能的影响

图 9-2 为不同纳米 SiO_2 掺量时 PVA 纤维水泥基复合材料相对动弹性模量与冻融循环次数的关系曲线。由图 9-2 可以看出，加入纳米 SiO_2 后，PVA 纤维增强水泥基复合材料的各冻融循环次数下的相对动弹性模量有不同程度的提高。纳米 SiO_2 掺量为 1%、1.5%、2%、2.5% 的 PVA 纤维增强水泥基复合材料试件在 300 次冻融循环后相对动弹性模量分别为 91.6%、92.0%、93.0%、94.2%，均大于不掺加 PVA 纤维水泥基复合材料试件 300 次冻融循环后相对动弹性模量 91.1%。由此可见，纳米 SiO_2 在较小掺量范围内（≤2.5%）可使 PVA 纤维增强水泥基复合材料抗冻融性能有所提高，且纳米 SiO_2 掺量越大，抗冻融性能越好。

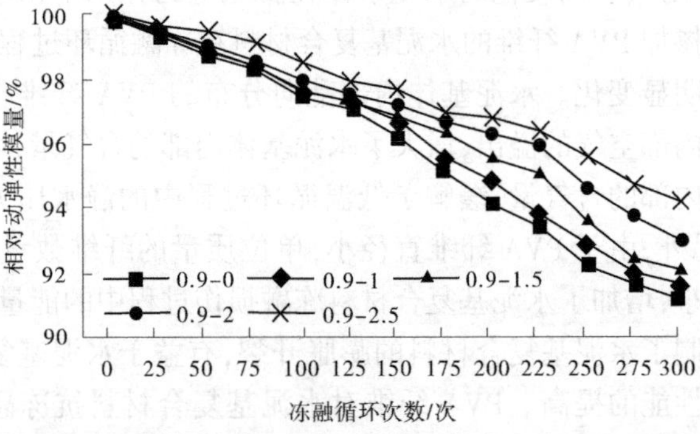

图 9-2 纳米 SiO_2 对抗冻融性能的影响（0.9%PVA 纤维）

数千万根微细 PVA 纤维的存在减少了水泥基复合材料的内部缺陷数量，降低了原生裂隙尺度，提高了水泥基复合材料的极限应变断裂等抗拉性能，进而可提高水泥基复合材料的抗冻融性能，同时,纳米 SiO_2 的填充作用和高活性使表面效应增强,水泥水化性能提高,水化产物增多,水泥基复合材料的密实度显著增加,减少了多害孔、有害孔和少害孔的数量,减小了水泥基复合材料内部孔隙的半径和孔隙率。因而水泥基复合材料中可冻水含量减少,孔隙水结冰膨胀导致的混凝土冻融破坏相应减少。此外,水泥基复合材料内部形成以纳米颗粒为晶核,在其表面形成 C-S-H 凝胶相的网络状结构,改善了水化产物的微观结构,因而可进一步提高 PVA 纤维水泥基复合材料的抗冻融性能。

9.5　PVA 纤维对纳米 SiO_2 水泥基复合材料抗冻融性能的影响

图 9-3 为当纳米 SiO_2 的掺量为 2%时,不同 PVA 纤维掺量水泥基复合材料相对动弹性模量与冻融循环次数的关系曲线。由图 9-3 可以看出,当纳米 SiO_2 掺量为 2%时,在本试验中 PVA 纤维掺量范围内,随着 PVA 纤维体积掺量的增加,水泥基复合材料各冻融循环次数下的相对动弹性模量呈现先增大后减小的趋势。当 PVA 纤维体积掺量低于 0.9%时,水泥基复合材料的相对动弹性模量随着 PVA 纤维掺量的增加而提高,水泥基复合材料试件 300 次冻融循环后的相对动弹性模量达到 93.0%;而当纤维掺量增大到 1.2%时,水泥基复合材料试件的相对动弹性模量又降为 91.3%,但均大于不掺纤维试件 300 次冻融循环后的相对动弹性模量 86.6%。因此,PVA 纤维的掺入可以提高纳米 SiO_2 水泥基复合材料的抗冻融性能。

未掺加 PVA 纤维的水泥基复合材料试件经过 50 次冻融循环后,上表面砂浆开始脱落,随着试验的进行,试件侧面以及底面砂浆开始脱落,未出现块状脱落现象。而掺加 PVA 纤维的水泥基复

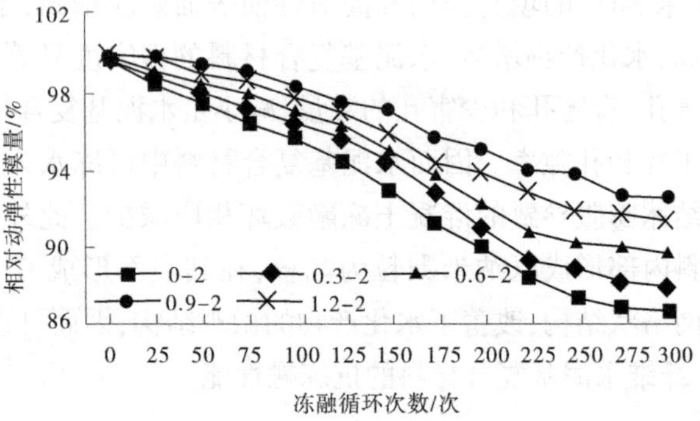

图 9-3 PVA 纤维对抗冻融性能的影响(2%纳米 SiO_2)

合材料试件在冻融循环过程中试件外观变化不明显。纳米 SiO_2 粒径较小(30 nm),可以填充水泥颗粒间的空隙,使水泥基复合材料的密实度大大增加;同时纳米 SiO_2 的二次水化作用即与水泥水化产物中的 $Ca(OH)_2$ 反应,生成水化硅酸钙凝胶体,可填充水泥石孔隙,改善了水泥基复合材料的微孔结构,堵塞了水泥基复合材料中的渗透通道,从而增强了水泥基复合材料的抗冻融性能。在2%纳米 SiO_2 掺量的水泥基复合材料中掺入 PVA 纤维后,由于 PVA 纤维的亲水性,在水泥基复合材料受冻过程中,未结冰的孔溶液和自由水受压迁移时,一部分可以与 PVA 纤维结合,从而缩短了其流程长度,减小了静水压力,减弱了对水泥基复合材料的破坏。PVA 纤维对水泥基复合材料抗冻融性能的提高存在一个临界值,这个临界值即 PVA 纤维最优掺量,当 PVA 纤维超过最优掺量时,团聚 PVA 纤维在水泥基材料中的散乱分布,反而连通了部分原有的孔道,削弱了 PVA 纤维对水泥基复合材料抗冻融性能的改善作用。

9.6 纳米粒子对水泥基复合材料抗冻融性能的影响

图9-4为相同纳米粒子掺量情况下，不同纳米粒子水泥基复合材料相对动弹性模量与冻融循环次数的关系曲线。

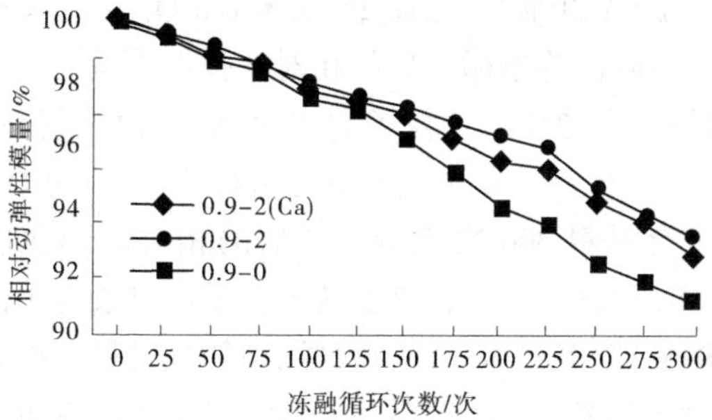

(a)PVA纤维水泥基复合材料

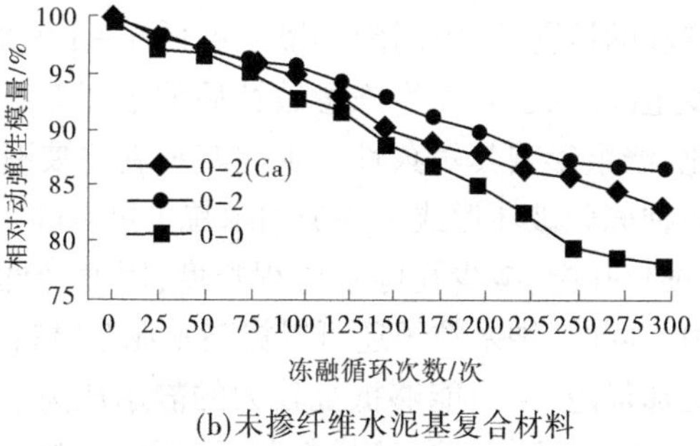

(b)未掺纤维水泥基复合材料

图9-4 纳米粒子种类对抗冻融性能的影响

由图9-4可以看出，纳米$CaCO_3$和纳米SiO_2均能在一定程度上提高水泥基复合材料的抗冻融性能，但是纳米SiO_2对水泥基复合材料抗冻融性能的提高略优于纳米$CaCO_3$。当掺加PVA纤维时,掺加2%纳米 $CaCO_3$ 和纳米 SiO_2 的水泥基复合材料300次冻融循环后的相对动弹性模量分别为93.0%和92.5%,相较于仅掺加0.9%PVA纤维的水泥基复合材料300次冻融循环后的相对动弹性模量91.1%,分别提高了1.9%、1.4%;相对于纳米 $CaCO_3$,纳米 SiO_2 对水泥基复合材料300次冻融循环后的相对动弹性模量提高了0.5%。

未掺加PVA纤维时,掺加2%纳米 $CaCO_3$ 和纳米 SiO_2 的水泥基复合材料300次冻融循环后的相对动弹性模量分别为86.6%和83.0%,相较于未掺加纳米粒子的水泥基复合材料相对动弹性模量78.2%,分别提高了8.4%、4.8%;相对于纳米 $CaCO_3$,纳米 SiO_2 对水泥基复合材料300次冻融循环后的相对动弹性模量提高了3.6%。从本试验可以看出,掺加纳米粒子可以改善水泥基复合材料的抗冻融性能,且纳米 SiO_2 对水泥基复合材料抗冻融性能的改善效果略优于纳米 $CaCO_3$。从本试验可以看出,掺加纳米粒子可以改善水泥基复合材料的抗冻融性能,且同等掺量纳米 SiO_2 对水泥基复合材料的改善效果略优于纳米 $CaCO_3$。

在水饱和的情况下,当周围环境温度低于-4 ℃时,水泥基材料就容易发生冻融破坏,发生冻融破坏后的水泥基材料各方面性能出现劣化,严重影响其耐久性。水泥基材料主要有表面剥落和内部开裂两种冻融破坏形式。掺加纳米粒子可以改善水泥基材料的孔结构,细化孔隙,减少孔隙水流程长度,因而降低动容过程中的静水压力。同时,纳米粒子还可以提高水泥基材料的强度,使其力学性能更加优越,从而能够抵抗较大的静水压力。综合以上因素,纳米粒子可以提高水泥基材料的抗冻融性能。相较于纳米 $CaCO_3$,掺加的纳米 SiO_2 在水化反应中发挥火山灰效应,与CH反应,生成C-S-H凝胶,增加了硅酸盐链长度,同时也降低了C-S-H凝胶的孔隙率。因而同等掺量纳米 SiO_2 对水泥基复合材料的改善效果略优于纳米 $CaCO_3$。

9.7 小　结

(1)掺加PVA纤维可以提高水泥基复合材料的抗冻融性能,当PVA纤维掺量为0.9%时水泥基复合材料的抗冻融性能最佳。

(2)在PVA纤维增强水泥基复合材料中掺入纳米SiO_2,可以明显提高其抗冻融性能,而且在本书试验掺量范围内(≤2.5%),水泥基复合材料抗冻融性能随着纳米SiO_2掺量的增加不断增强。

(3)在纳米SiO_2水泥基复合材料中掺入PVA纤维,在一定掺量范围内可以提高水泥基复合材料的抗冻融性能,且PVA纤维体积掺量为0.9%时,对抗冻融性能提高幅度最大。

(4)掺加纳米粒子可以改善水泥基复合材料的抗冻融性能,且同等掺量纳米SiO_2对水泥基复合材料的改善效果略优于纳米$CaCO_3$。

第 10 章　纳米粒子和 PVA 纤维增强水泥基复合材料抗裂性能

10.1　引　言

收缩开裂是水泥基建筑材料常见的缺陷之一，它不仅会导致水泥基材料强度和耐久性下降，而且还会加速内部钢筋的锈蚀。在水泥基复合材料中掺入纤维能有效提高水泥基复合材料的抗拉强度，抑制水泥基复合材料的早期塑性开裂和裂缝扩展，从而改善材料的抗裂性能，对提高水泥基复合材料的耐久性有重大意义。国内外学者相关研究成果表明，在水泥基材料中掺加 PVA 纤维、纳米 SiO_2 或纳米 $CaCO_3$ 均可提高水泥基材料的抗裂性能。PVA 纤维的掺入不仅可抑制水泥基材料早期裂缝的产生，而且还可限制外力作用下水泥基材料中裂缝的扩展，对提高水泥基材料的韧性也有一定的增强作用。纳米 SiO_2 或纳米 $CaCO_3$ 不仅能促进水泥水化，加速水化进程，同时未反应的纳米粒子被水泥水化产物包裹着，还起到粒子填充的作用，从而使水泥基复合材料整体结构更为致密。目前关于单掺 PVA 纤维、纳米 $CaCO_3$ 或纳米 SiO_2 对水泥基复合材料抗裂性能影响的研究成果较多，而对于同时掺入 PVA 纤维和纳米粒子水泥基复合材料抗裂性能方面的研究成果较缺乏。因而，本书通过水泥基复合材料抗裂性能试验分析了单掺 PVA 纤维、纳米 SiO_2 和纳米 $CaCO_3$，以及复掺纳米粒子和 PVA 纤维对水泥基复合材料抗裂性能的影响，并对相应的影响机制进行了探讨。

10.2　试验方法

根据《水泥砂浆抗裂性能试验方法》(JC/T 951—2005),水泥基复合材料抗裂性能试验采用 910 mm×600 mm×20 mm 的试模,按照试验配合比拌制水泥基复合材料,每个配合比浇筑两组试件。抗裂性能试验在温度为 20 ℃±3 ℃、相对湿度为 60%±5%的室内进行。

在保证试验时放置模板的平台平整的前提下,还要保证平台的坚固、水平。在将试模放置到试验平台之前,应该在试验平台上铺好两层薄膜,然后将试模放在试验平台的中心位置,模板的间距为 300 cm。然后将拌好的水泥基复合材料沿着模板的边缘螺旋式向中心进行浇筑,直至水泥基复合材料充满整个模板,然后立即用抹子进行抹平。抹平后,立即打开位于距离试模短边 150 mm 处、风叶中心平面与试件表面平行的风扇,风扇吹向试件表面时,应保证试件横向中心线处的风速为 4~5 m/s。同时开启位于试件横向中心线的上方 1.2 m、距离模板长边 150 mm 处的 1 000 W 碘钨灯(试验布置平面示意图见图 10-1),连续光照 4 h 后关闭碘钨灯。风扇连续吹 24 h 后关闭,同时记录各个风扇开启、关闭的时间。然后用裂缝测宽仪分段测量裂缝宽度 d,根据裂缝宽度再分级测量裂缝长度 l;在测量裂缝长度时,先将棉线沿着裂缝走向摆在裂缝上,然后拉直,用卷尺测量裂缝长度 l。裂缝测量过程应为同一人。

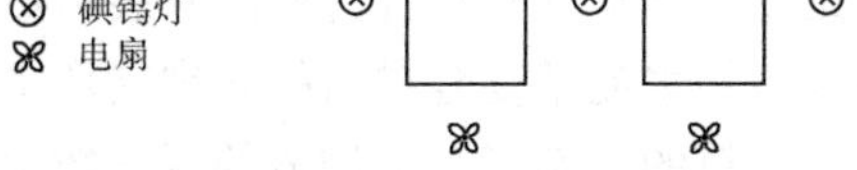

图 10-1　试验布置平面示意图

10.3 试验结果计算与评定

把平板试验过程中试件上出现的裂缝的长度和宽度计算出来的抗裂性能比 γ 作为本次试验的评定依据。首先根据裂缝宽度将裂缝分为 5 级，每一级的裂缝宽度对应着一个权重值(见表 10-1)，将每一条裂缝的长度乘以相对应的权重值即为这条裂缝的开裂指数，将每条裂缝的开裂指数相加起来所得到的和称为该试件的开裂指数，记为 W，以此表示水泥基复合材料的开裂程度。

表 10-1 权重值

裂缝宽度 d/mm	权重值 A
$d \geqslant 3$	3
$3 > d \geqslant 2$	2
$2 > d \geqslant 1$	1
$1 > d \geqslant 0.5$	0.5
$d < 0.5$	0.25

开裂指数通过下式计算得到：

$$W = \sum (A_i l_i) \tag{10-1}$$

式中：W 为开裂指数，mm；A_i 为一条裂缝对应的权重值；l_i 为权重值对应的裂缝长度。

抗裂性能比以基准水泥基复合材料的开裂指数平均值与需要检测的掺有外掺料的水泥基复合材料的开裂指数平均值之差除以基准水泥基复合材料的开裂指数平均值的百分数表示。抗裂性能比 γ 通过式(10-2)计算，精确至 1%。

$$\gamma = \frac{W_0 - W_i}{W_0} \times 100 \tag{10-2}$$

式中：γ 为抗裂性能比（%），正值表示外掺料对水泥基复合材料抗裂性能起到提高作用，负值表示外掺料对水泥基复合材料抗裂性能起到降低作用；W_i 为需要检测的掺有外掺材料的水泥基复合材料的开裂指数的平均值，mm；W_0 为基准水泥基复合材料的开裂指数的平均值，mm。

10.4　PVA 纤维对水泥基复合材料抗裂性能的影响

图 10-2 给出了 PVA 纤维水泥基复合材料抗裂性能比随 PVA 纤维掺量增加时的变化。

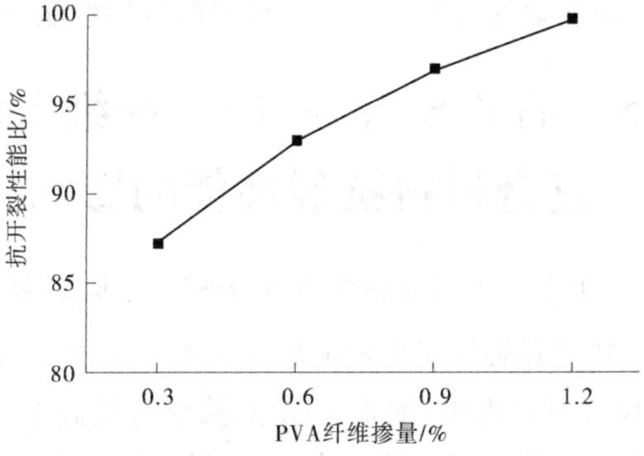

图 10-2　PVA 纤维掺量对水泥基复合材料抗裂性能的影响

由图 10-2 可以看出，PVA 纤维的掺入显著地提高了水泥基复合材料的抗裂性能，相对于未掺纤维水泥基复合材料，掺加 0.3% PVA 纤维水泥基复合材料的抗裂性能比为 87.2%。PVA 纤维的掺量变化对水泥基复合材料的抗裂性能影响很大，在试验掺量范围内,PVA纤维掺量越大,PVA纤维水泥基复合材料的抗裂性能越好。当PVA纤维掺量从0.3%增大到1.2%时,水泥基复合材料抗裂性能比由87.2%增大到99.8%,增大了14.4%。

PVA纤维主要从以下几个方面来改善水泥基复合材料的抗裂性能。一方面,PVA纤维的掺入,可以显著改善水泥基复合材料的品质。由于PVA纤维具有良好的亲水性以及胶凝材料有较强的黏结力,所以PVA纤维的掺入提高了水泥基复合材料中基体的黏性与稠度;PVA纤维是一种柔性合成纤维,水泥基复合材料中的PVA纤维交叉形成网状结构,抑制了浆体的流动性,阻碍了骨料的下沉,起到支撑骨料的作用。同时PVA纤维的掺入可以填充、堵塞水泥水化所形成的孔隙,减少水泥基复合材料中连通的孔隙通道,同时降低孔隙通道的尺寸,从而优化了水泥基复合材料中的孔级配和孔分布且提高水泥基复合材料的密实性。因此,PVA纤维的掺入可明显改善水泥基复合材料的抗裂性能。

10.5 纳米SiO_2对PVA纤维水泥基复合材料抗裂性能的影响

图10-3为当PVA纤维掺量为0.9%时,不同纳米SiO_2掺量水泥基复合材料抗开裂性能比随纳米SiO_2掺量增加的变化趋势图。

由图10-3可以看出,纳米SiO_2的掺加可提高PVA纤维增强水泥基复合材料的抗裂性能。当PVA纤维掺量为0.9%时,在本试验纳米SiO_2掺量范围内,随着SiO_2掺量的增加,PVA纤维水泥基复合材料的抗裂性能比呈现逐渐增大的趋势。当未掺纳米SiO_2时,PVA纤维增强水泥基复合材料的抗裂性能比为97.0%,当纳米SiO_2掺量分别为1.0%、1.5%、2.0%、2.5%时,对应的抗裂性能比分别为97.5%、97.8%、98.4%、99.2%,分别增长了0.5%、

0.8%、1.4%、2.3%。纳米 SiO_2 是高活性掺和料,能够很快与水泥基复合材料早期水化形成的 $Ca(OH)_2$ 进行反应,降低水化过程的 $Ca(OH)_2$ 浓度,同时产生大量的水化热。产生的大量水化热又加速了水泥中其他成分的水化过程。此外,纳米 SiO_2 粒径较小,可以填充水泥颗粒间的空隙,使水泥基复合材料的密实度大大增加,降低了原生裂隙的尺寸和数量,从而增强了 PVA 纤维增强水泥基复合材料的抗裂性能。

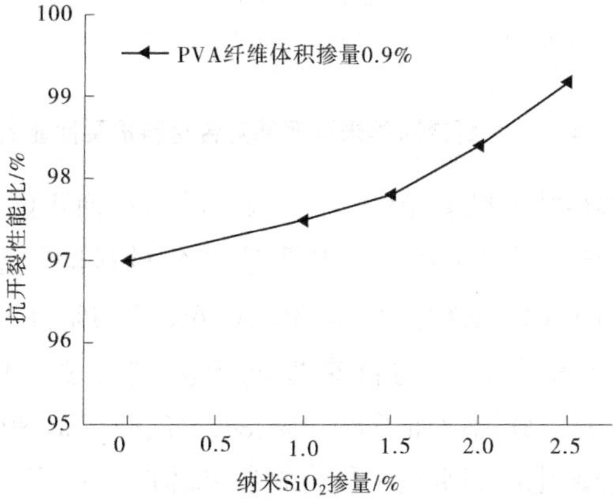

图 10-3　纳米 SiO_2 对 PVA 纤维水泥基复合材料抗裂性能的影响

10.6　PVA 纤维对掺纳米粒子水泥基复合材料抗裂性能的影响

图 10-4 给出了当纳米 SiO_2 的掺量为 2%时,不同 PVA 纤维掺量水泥基复合材料的抗裂性能比。

由图 10-4 可以看出,PVA 纤维显著地提高了纳米 SiO_2 水泥基复合材料的抗裂性能。当纳米 SiO_2 掺量为 2%时,在本试验 PVA 纤维掺量范围内,随着 PVA 纤维体积掺量的增加,水泥基复

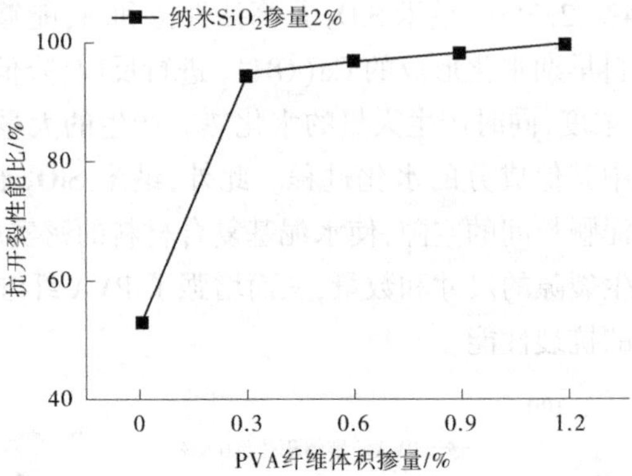

图 10-4 PVA 纤维对纳米水泥基复合材料抗裂性能的影响

合材料抗裂性能比随着 PVA 纤维掺量的增加而不断增大。未掺加 PVA 纤维时，掺纳米粒子水泥基复合材料的抗裂性能比为 52.6%，当 PVA 纤维掺量为 0.3%、0.6%、0.9%、1.2%时，纳米 SiO_2 水泥基复合材料的抗裂性能比分别为 94.9%、97.0%、98.4%、99.7%，分别增加了 80.4%、84.4%、87.1%、89.5%。

相对于硬化初期水泥基复合材料基体的弹性模量，PVA 纤维相对较高的弹性模量以及 PVA 纤维与水泥基体之间的复杂力学作用，提高了水泥水化产物初期的抗拉强度，有效地抑制了水泥基复合材料早期收缩裂缝的产生和发展，大大降低了生成贯通裂缝的可能性。掺加 PVA 纤维到水泥基复合材料中后，PVA 纤维间的桥连应力分担了水泥基复合材料内部复杂的收缩应力，从而降低了作用于水泥基复合材料的力，因此抑制了裂缝的进一步发展，降低了微细裂缝形成贯穿缝的可能。同时，纳米 SiO_2 的高活性使水泥水化更加彻底，水化产物增多；同时水化生成大量 C-S-H 凝胶和纳米 SiO_2 与水泥水化产物中的孔隙是一个数量级，因而能起到很好的填充作用，显著增加了水泥基复合材料的密实度，从而减少了多害孔、有害孔和少害孔的数量,减小了水泥基复合材料内部孔隙的半径和孔隙率,因而进一步提高了水泥基复合材料的抗裂性能。

10.7　纳米粒子种类对水泥基复合材料抗裂性能的影响

图 10-5 分别给出了未掺 PVA 纤维和 PVA 纤维体积掺量为 0.9%时,掺入 2%纳米 $CaCO_3$ 和 2%纳米 SiO_2 对水泥基复合材料抗裂性能比的影响。

由图 10-5 可以看出,纳米 $CaCO_3$ 和纳米 SiO_2 均能提高水泥基复合材料的抗裂性能,但是纳米 SiO_2 对水泥基复合材料抗裂性能的改善略优于纳米 $CaCO_3$。当 PVA 纤维和纳米粒子掺量都相同时,纳米 SiO_2 对 PVA 纤维水泥基复合材料抗裂性能的提高幅度比纳米 $CaCO_3$ 大。未掺加 PVA 纤维时,掺加 2%纳米 $CaCO_3$ 和纳米 SiO_2 的水泥基复合材料抗裂性能比分别为 50.4%和 52.6%,相对于纳米 $CaCO_3$,纳米 SiO_2 对水泥基复合材料抗裂性能比的提高增大了 4.4%。当 PVA 纤维体积掺量为 0.9%时,掺 2%纳米 $CaCO_3$ 和 SiO_2 的水泥基复合材料抗裂性能比分别为 98.2%和 98.4%,相对于纳米 $CaCO_3$,纳米 SiO_2 对 PVA 纤维水泥基复合材料抗裂性能比的提高仅增大了 0.2%。由此可见,本书试验中纳米粒子种类对水泥基复合材料抗裂性能的影响不大。

同纳米 SiO_2 一样,纳米 $CaCO_3$ 具有填充效应、晶核效应、表面效应及纳米颗粒的高活性等方面特性,其对水泥基复合材料孔结构的改善主要通过这些特殊效应来实现。在水化开始前纳米 $CaCO_3$ 颗粒表面就吸附了一层水;在水化开始后,表面有很多不饱和键的纳米 $CaCO_3$ 大量键合水泥水化产物,水化产物挤走纳米 $CaCO_3$ 颗粒周围的水。在这个过程中,尺寸小且均匀地分布于水

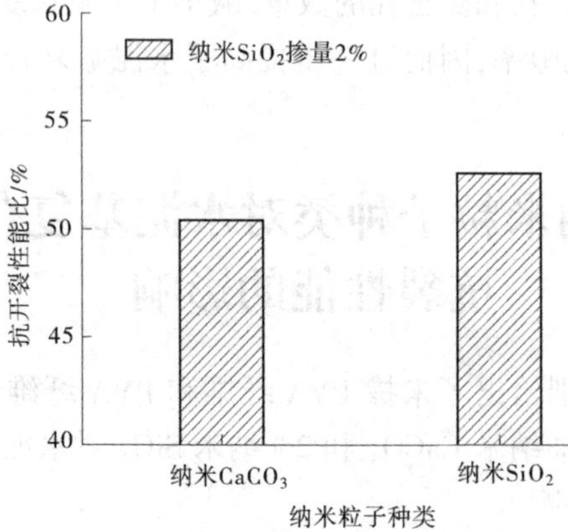

(a)未掺纤维水泥基复合材料

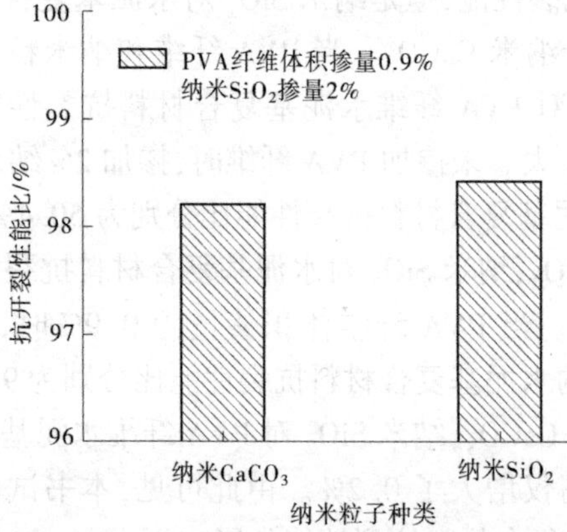

(b)PVA纤维水泥基复合材料

图 10-5 纳米粒子种类对抗裂性能的影响

泥浆体中的纳米 $CaCO_3$ 颗粒，会形成大量包含在凝胶体中的微孔隙，这种微孔隙起到了细化孔隙的作用；由于纳米 $CaCO_3$ 的尺寸和凝胶孔是同一个数量级，且远小于水泥颗粒的尺寸，能够起到很好的填充作用，使水泥水化产物的结构更加致密。

相对于纳米 $CaCO_3$，纳米 SiO_2 是非稳态无定型结构，因此火山灰活性很高。经充分分散的纳米 SiO_2 会迅速与水泥水化产物 $Ca(OH)_2$ 发生反应：$Ca(OH)_2+SiO_2+H_2O \rightarrow C-S-H$，生成更多的 C-S-H 凝胶；对力学性能发展不利的 CH 也转化成强度组分 C-S-H，大量生成的 C-S-H 尺寸与凝胶孔尺寸相近，能起到很好的填充作用，因而减少了水泥石中的孔隙，大大提高了密实度，从而明显提高了水泥砂浆的强度。同时纳米 SiO_2 可以和 $Ca(OH)_2$ 发生反应，使得 $Ca(OH)_2$ 的数量大量减少并细化其中的晶粒，改善界面过渡区的结构，纳米 SiO_2 可以填充在 C-S-H 凝胶结构的孔隙中，并以纳米 SiO_2 为晶核，将 C-S-H 凝胶连接成三维网状结构，提高结构致密性，从而可更好地改善水泥基复合材料的抗裂性能。

10.8　小　结

(1) 掺加 PVA 纤维可以提高水泥基复合材料的抗裂性能，在纤维体积掺量小于 1.2% 的范围内，纤维体积掺量越大，PVA 纤维对水泥基复合材料抗裂性能的提高越明显。

(2) 纳米 SiO_2 掺入 PVA 纤维增强水泥基复合材料，可以显著提高水泥基复合材料的抗裂性能，而且在本书试验纳米粒子掺量范围内，水泥基复合材料抗裂性能随着纳米 SiO_2 掺量的增加不断增强。

(3) 在纳米 SiO_2 水泥基复合材料中掺入 PVA 纤维，当纤维体积掺量不大于 1.2% 时，PVA 纤维体积掺量较大的纳米水泥基复合材料具有较高的抗裂性能。

(4) 纳米 $CaCO_3$ 与纳米 SiO_2 均能提高水泥基复合材料的抗裂性能，纳米 SiO_2 对水泥基复合材料抗裂性能的改善略优于纳米 $CaCO_3$。

第11章 纳米粒子和PVA纤维增强水泥基复合材料抗碳化性能

11.1 引 言

纤维增强水泥基复合材料是以水泥基材料为基体,以金属纤维、无机非金属纤维、聚合物纤维或天然有机纤维为增强材料的复合材料。在纤维增强水泥基复合材料中,纤维对基体起着增韧、阻裂的作用。纤维在水泥基材料中的这些作用,使纤维增强水泥基复合材料的基本力学性能优于传统水泥基材料,因此纤维增强水泥基复合材料的应用将越来越广泛。

碳化是水泥基材料中性化的过程,即碳化会导致水泥基材料碱性降低,而较高的碱度是水泥基材料中钢筋免受锈蚀的必要条件,同时也是水泥基材料中各种水化产物稳定存在,并保持良好胶结能力的必要条件。

本书进行了普通水泥基复合材料、PVA纤维增强水泥基复合材料以及纳米粒子的PVA纤维增强水泥基复合材料的抗碳化性能对比试验,以碳化深度为对比指标,据此探讨了PVA纤维增强水泥基复合材料与普通水泥基复合材料,以及不同PVA纤维掺量、不同纳米粒子种类对碳化性能的影响,并进行了简单的机制分析。

11.2　试验概况

按照国家标准《普通混凝土长期性能和耐久性能试验方法标准》(GB/T 50082—2009),采用强制式搅拌机搅拌,搅拌均匀后装入尺寸为 100 mm×100 mm×100 mm 的试模中,置于振动台上振动密实成型,然后放到平坦的地面上,在室温下养护 24 h 后拆模。拆模完毕后,转移到标准养护室内养护 26 d,再放到烘箱中,在 60 ℃下烘干 48 h,取出进行碳化试验。试块在放入碳化试验箱前,应在试块的一个面上画线,间距为 10 mm,以定出测点位置,碳化到规定龄期后按照预定的测点测量碳化深度,以防止测量过程中人为因素的影响。画线完毕后,用石蜡封闭除画线外的所有面。试验箱环境参数设置:温度为 20 ℃±2 ℃,相对湿度为 70%±5%,二氧化碳浓度为 20%。

碳化的龄期为 3 d、7 d、14 d、28 d。待试块碳化到规定龄期后,将试块从碳化箱中取出,用万能试验机将试块垂直于画线方向劈开,在劈开面上喷洒 1%酚酞酒精溶液指示剂,等到试块变色后,用精度为 1 mm 的钢尺测量每个测点上边缘不变色部分的深度,即为碳化深度,每个试块采取 8 个以上的有效数据,然后取各测点碳化深度的平均值作为试块碳化深度测定值。

11.3　PVA 纤维对水泥基复合材料抗碳化性能的影响

图 11-1 为不同 PVA 纤维掺量时,水泥基复合材料碳化深度(mm)与碳化龄期(d)之间的关系曲线。

由图 11-1 可以看出,一定掺量的 PVA 纤维可增强水泥基复合材料的抗碳化性能,但过大掺量的 PVA 纤维对水泥基复合材料

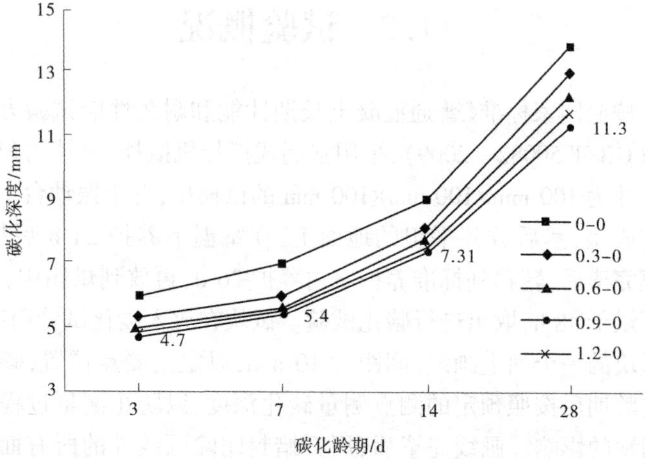

图 11-1 PVA 纤维对抗碳化性能的影响(未掺加纳米 SiO_2)

抗碳化性能不利。未掺加 PVA 纤维的水泥基复合材料试块 3 d 碳化深度为 6.05 mm,而掺加 0.9%和 1.2%PVA 纤维的水泥基复合材料试块 3 d 碳化深度分别为 4.70 mm 和 4.85 mm,相对于未掺纤维水泥基复合材料分别降低了 22.3%和 19.8%。未掺加 PVA 纤维的水泥基复合材料试块 28 d 碳化深度为 13.9 mm,当 PVA 纤维掺量为 0.3%、0.6%、0.9%时,水泥基复合材料试块的碳化深度随着 PVA 纤维掺量的增加而降低,PVA 纤维的水泥基复合材料试块的碳化深度分别为 13.0 mm、12.3 mm、11.3 mm,分别降低了 6.47%、11.5%、18.7%。但当 PVA 纤维体积掺量达到 1.2%时,水泥基复合材料 28 d 的碳化深度又升高到 11.8 mm,相对于未掺纤维水泥基复合材料降低了 15.1%。由此可见,掺入 PVA 纤维可以明显改善水泥基复合材料抗碳化性能,但过大的 PVA 纤维掺量对水泥基复合材料抗碳化性能不利。

碳化过程是 CO_2 由表及里向水泥基复合材料内部逐渐扩散的过程,碳化深度随着 CO_2 扩散深度的增加而增加。碳化的发生是由于水泥基复合材料中存在大量孔隙通道及微裂纹等缺陷，这些缺陷给 CO_2 的扩散提供了途径。水泥基复合材料中加入 PVA 纤维以后，PVA 纤维均匀分布在水泥砂浆中，彼此形成网络，抑制骨料下沉，阻碍水泥基复合材料拌和物离析，降低水泥基复合材料的泌水，从而减少了水泥基复合材料中的孔隙通道；同时，大量分布在砂浆中的纤维会使砂浆中的毛细孔变小，毛细管细化甚至堵塞。另外，PVA 纤维的加入减少或阻止了水泥基复合材料中裂缝的形成、生长及扩展，并阻断裂纹的连通。也就是说，在 PVA 纤维增强水泥基复合材料中，PVA 纤维削弱了 CO_2 的扩散途径，抑制了 CO_2 的扩散，因此 PVA 纤维的掺入可以提高水泥基复合材料的抗碳化性能。

11.4　纳米 SiO_2 对 PVA 纤维增强水泥基复合材料抗碳化性能的影响

图 11-2 为不同纳米 SiO_2 掺量时，PVA 纤维增强水泥基复合材料碳化深度(mm)与碳化龄期(d)之间的关系曲线。

由图 11-2 可以看出，一定掺量的纳米 SiO_2 可以提高 PVA 纤维增强水泥基复合材料的抗碳化性能。未掺加纳米 SiO_2 的 PVA 纤维增强水泥基复合材料试块 3 d 碳化深度为 4. 7 mm，而掺加 1%、1. 5%、2%、2. 5%纳米 SiO_2 的 PVA 纤维增强水泥基复合材料的碳化深度分别为 4. 5 mm、4. 2 mm、3. 6 mm、3. 2 mm，分别降低了 4. 3%、10. 6%、23. 4%、31. 9%。未掺加纳米 SiO_2 的 PVA 纤维增强水泥基复合材料的 28 d 碳化深度为 11. 3 mm，而掺加 1%、1. 5%、2. 0%、2. 5%纳米 SiO_2 的 PVA 纤维增强水泥基复合材料的 28 d 碳化深度分别为 10. 8 mm、10. 5 mm、10 mm、9 mm，相对于未掺加纳米 SiO_2 的 PVA 纤维增强水泥基复合材料分别降低了 4. 4%、7. 1%、11. 5%、20. 4%。从本试验可以看出，掺入纳米 SiO_2

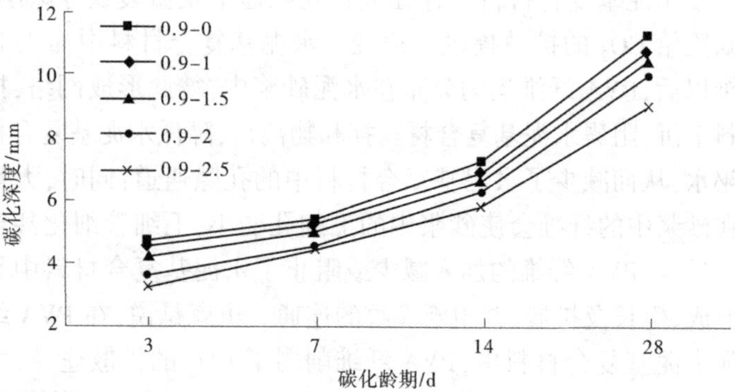

图 11-2　纳米 SiO_2 对抗碳化性能的影响(0.9%PVA 纤维)

可以改善 PVA 纤维增强水泥基复合材料的抗碳化性能,且随着纳米 SiO_2 掺量的增加,纳米 SiO_2 对抗碳化性能的改善越明显。

纳米 SiO_2 的尺寸远小于水泥水化产物中孔隙的尺寸,因而可以填充 PVA 纤维改性过的水泥基复合材料中的微细孔隙,进一步提高水泥基体的密实度。此外,在纳米 SiO_2 火山灰活性的作用下,SiO_2 与水泥水化产物中的 $Ca(OH)_2$ 反应,生成大量的 C-S-H 凝胶,而 C-S-H 凝胶的粒径与水泥水化产物的孔隙尺寸是一个级别的,因而可以起到填充孔隙的作用,从而进一步提高水泥石的密实度。密实度越高,CO_2 在水泥基复合材料中的扩散越困难,因此掺入纳米 SiO_2 可以改善 PVA 纤维增强水泥基复合材料的抗碳化性能。

11.5　PVA 纤维对纳米 SiO_2 水泥基复合材料抗碳化性能的影响

图 11-3 为不同 PVA 纤维掺量时,纳米 SiO_2 水泥基复合材料碳化深度(mm)与碳化龄期(d)之间的关系曲线。

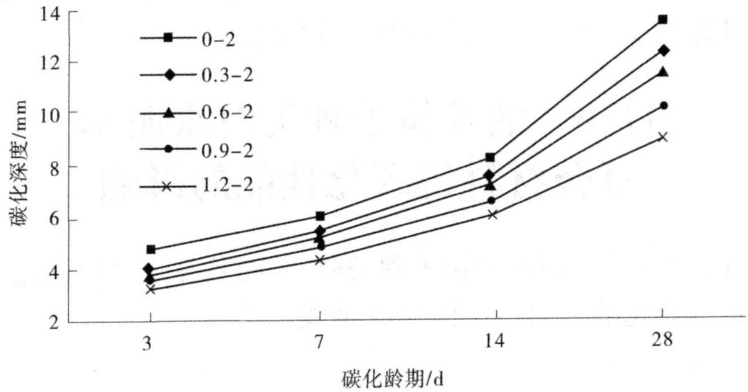

图 11-3　PVA 纤维对抗碳化性能的影响(2%纳米 SiO_2)

由图 11-3 可以看出,一定掺量的 PVA 纤维可以提高纳米 SiO_2 水泥基复合材料的抗碳化性能。未掺加 PVA 纤维的纳米 SiO_2 水泥基复合材料的 3 d 碳化深度为 4. 8 mm,而 PVA 纤维掺量为 0. 3%、0. 6%、0. 9%、1. 2%的纳米 SiO_2 水泥基复合材料 3 d 碳化深度分别为 4. 0 mm、3. 8 mm、3. 6 mm、3. 2 mm,较之未掺加 PVA 纤维的纳米 SiO_2 水泥基复合材料分别降低了 16. 7%、20. 8%、25%、33. 3%。未掺加 PVA 纤维的纳米 SiO_2 水泥基复合材料的 28 d 碳化深度为 13. 5 mm,而 PVA 纤维掺量为 0. 3%、0. 6%、0. 9%、1. 2%的纳米 SiO_2 水泥基复合材料 28 d 的碳化深度分别为 12. 3 mm、11. 5 mm、10. 1 mm、8. 9 mm,较之未掺加 PVA 纤维的纳米 SiO_2 水泥基复合材料分别降低了 8. 9%、14. 8%、25. 2%、34. 1%。从本试验可以看出,掺入 PVA 纤维可以改善纳米 SiO_2 水泥基复合材料的的抗碳化性能,且随着 PVA 纤维掺量的增加,纳米 SiO_2 水泥基复合材料的抗碳化性能越高。

PVA 纤维的掺入减小了水泥基复合材料的内部孔隙率,而且使毛细孔变细,减少了有害孔的数量,改善了孔径分布。总之,PVA 纤维的掺入使孔径变小,使渗水通道变细,再加上平均水力半径减小,提高了水泥基复合材料抵抗 CO_2 气体渗透的能力,因而也增强了水泥基复合材料的抗碳化性能。

11.6 纳米粒子种类对水泥基复合材料抗碳化性能的影响

图 11-4 为不同纳米粒子种类时,水泥基复合材料碳化深度(mm)与碳化龄期(d)之间的关系曲线。

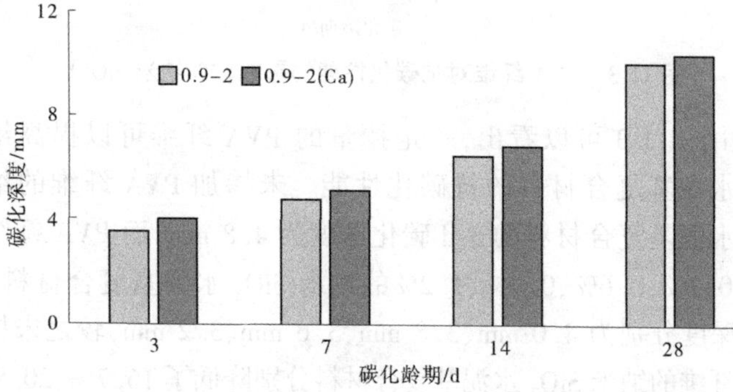

(a)PVA纤维水泥基复合材料

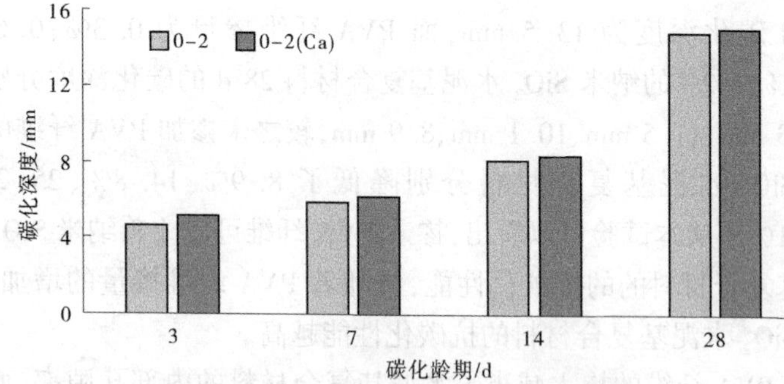

(b)未掺纤维水泥基复合材料

图 11-4 纳米粒子种类对抗碳化性能的影响

由图 11-4 可以看出，一定掺量的纳米 SiO_2 和纳米 $CaCO_3$ 提高水泥基复合材料的抗碳化性能。未掺加纳米粒子及 PVA 纤维的水泥基复合材料 3 d 碳化深度为 6.0 mm，分别掺加 2%纳米 SiO_2 和纳米 $CaCO_3$ 的水泥基复合材料 3 d 碳化深度分别为 4.8 mm、5.3 mm，较之未掺加纳米粒子和 PVA 纤维水泥基复合材料分别降低了 20%和 11.7%。在 0.9%PVA 纤维掺量的水泥基复合材料中掺加 2%纳米 SiO_2 和纳米 $CaCO_3$ 可以改善 PVA 纤维水泥基复合材料的抗碳化性能。掺加 2%纳米 SiO_2 和纳米 $CaCO_3$ 的 0.9%PVA 纤维掺量的水泥基复合材料 3 d 碳化深度分别为 3.6 mm、4.1 mm，相较于 0.9%PVA 纤维掺量的水泥基复合材料 3 d 碳化深度 4.7 mm，分别降低了 23.4%、12.8%。从本试验可以看出，掺加纳米粒子可以改善水泥基复合材料的抗碳化性能，且纳米 SiO_2 对水泥基复合材料抗碳化性能的改善效果略优于纳米 $CaCO_3$。

水泥基材料碳化速率和气体渗透性，与水泥基材料水化过程中形成的孔隙结构以及水泥基材料的密实度关系密切。孔隙结构越细、越少，水泥基材料就越密实，CO_2 在水泥基材料中的渗透、扩散也就越困难，水泥基材料的抗碳化性能也就越强。纳米材料的掺加使水泥基复合材料各龄期的碳化深度均有所降低，由于 C-S-H 凝胶体的直径是纳米级的，粒径极小的纳米材料将砂浆内部细小的孔隙填充密实，同时一定量的针状钙矾石的生成对水泥砂浆密实性的提高有积极作用。在多方面因素的综合作用下，水泥砂浆的孔隙变细、减少，水泥水化产物变得更加密实，因此 CO_2 气体更难进入水泥砂浆内部，也不会与水泥基材料内部发生碳化反应，有效地保持了水泥基复合材料的碱性。

11.7 小 结

(1)掺加 PVA 纤维可以提高水泥基复合材料的抗碳化性能,当 PVA 纤维掺量为 0.9%时水泥基复合材料的抗碳化性能最佳。

(2)在纳米 SiO_2 水泥基复合材料中掺入 PVA 纤维,在试验掺量范围内,PVA 纤维掺量越大,PVA 纤维对抗碳化性能的提高越明显。

(3)在 PVA 纤维增强水泥基复合材料中掺入纳米 SiO_2,可以明显提高其抗碳化性能,而且在本书试验掺量范围内(≤2.5%),水泥基复合材料抗碳化性能随着纳米 SiO_2 掺量的增加不断提高。

(4)纳米 SiO_2 和纳米 $CaCO_3$ 均能提高水泥基复合材料的抗碳化性能,但纳米 SiO_2 对水泥基复合材料的改善效果略优于纳米 $CaCO_3$。

第 12 章　纳米粒子和 PVA 纤维增强水泥基复合材料抗渗性能

12.1　引　言

抗渗性能是衡量水泥基复合材料耐久性能的一个重要指标。水泥基复合材料基体内部存在许多微裂纹与毛细孔隙,压力水通过这些渗透通道可以进入基体内部,使微裂缝增大扩展进而导致其开裂,外界低温时还易引起水泥基复合材料发生冻融循环,对构件耐久性能产生极为不利的影响。严重时渗透到水泥基复合材料内部的水经过复杂的化学反应产生一些腐蚀性物质,例如析出氢氧化钙等,导致构件内部发生溶出性腐蚀现象,最终致使构件发生耐久性能破坏。

目前,为提高水泥基复合材料的抗渗性能,国内外学者开展了大量研究,研究内容涉及各类纤维增强水泥基复合材料的抗渗机制,在采用 PVA 纤维和纳米 SiO_2 提高水泥基复合材料耐久性方面取得了一些结论性成果。

目前,为提高水泥基复合材料的抗渗性能,国内外学者开展了大量研究,研究内容涉及各类纤维增强水泥基复合材料的抗渗机制,在采用 PVA 纤维和纳米 SiO_2 提高水泥基复合材料耐久性方面取得了一些结论性成果。

12.2 试验方法

根据国家标准《普通混凝土长期性能和耐久性能试验方法标准》(GB/T 50082—2009),水泥基复合材料的搅拌采用强制式搅拌机,搅拌后均匀装入上口内部直径 175 mm、下口内部直径 185 mm 和高度为 150 mm 的试模中,置于振动台上振动密实成型,然后放到平坦的地面上,在室温下养护 24 h 后拆模。拆模完毕后,转移到标准养护室内养护 28 d。

完成养护后,将试块放入全自动抗渗仪中,按规范调整抗渗仪参数,选择渗水高度法,将水压调整为 1.2 MPa。参数设置完毕即开始试验。24 h 后,取出试块用万能试验机劈开试块,然后用防水笔描出水痕。将梯形板放在试件劈裂面上,读出梯形板上沿线的渗水高度,读数精确至 1 mm。图 12-1 为梯形板示意图。

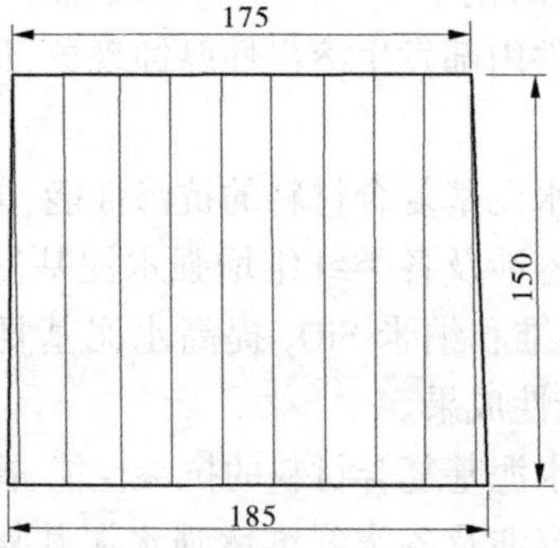

图 12-1 梯形板示意图 (单位:mm)

12.3 试验结果计算及处理

试件渗水高度应按以下公式进行计算。

$$\overline{h_i} = \frac{1}{10}\sum_{j=1}^{10} h_j \tag{12-1}$$

式中：h_j 为第 i 个试件第 j 个测点处的渗水高度，mm；$\overline{h_i}$ 为第 i 个试件的平均渗水高度，mm，应以 10 个测点渗水高度的平均值作为该试件渗水高度的测定值。

一组试件的平均渗水高度应按以下公式进行计算。

$$\overline{h} = \frac{1}{6}\sum_{i=1}^{6} \overline{h_i} \tag{12-2}$$

式中：$\overline{h}$ 为一组 6 个试件的平均渗水高度，mm，应以一组 6 个试件渗水高度的算术平均值作为该组试件渗水高度的测定值。

12.4 PVA 纤维对水泥基复合材料抗渗性能的影响

图 12-2 为未掺加纳米粒子时，不同 PVA 纤维掺量时水泥基复合材料渗水高度(mm)与 PVA 纤维掺量(%)之间的关系曲线。

由图 12-2 可以看出，未掺加 PVA 纤维的水泥基复合材料试件的渗水高度为 40. 2 mm，当 PVA 纤维掺量为 0. 3%、0. 6%、0. 9%、1. 2%时，水泥基复合材料试块的渗水高度随着 PVA 纤维掺量的增加而降低，PVA 纤维的水泥基复合材料试块的渗水高度分别为 23. 1 mm、21. 2 mm、17. 5 mm、15. 4 mm，相比于未掺加 PVA 纤维水泥基复合材料降低了 42. 5%、47. 3%、56. 5%、61. 7%。从本试验可以看出，一定掺量的 PVA 纤维可以提高水泥基复合材料的抗渗性能，且 PVA 纤维掺量越大，水泥基复合材料的抗渗性

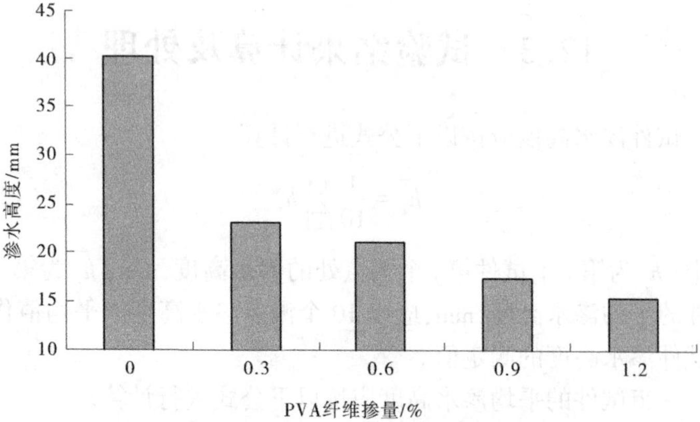

图 12-2　PVA 纤维对抗渗性能的影响(未掺加纳米 SiO_2)

能越好。

PVA 纤维主要通过以下几个方面作用影响水泥基复合材料的抗渗性:一方面,PVA 纤维起到了一定的骨料的作用,使骨料系统更加坚韧,减少了水泥水化产物中原生裂隙的产生;另一方面,PVA 纤维比较细小,单位体积的水泥基复合材料中有大量的 PVA 纤维,PVA 纤维互相搭接在一起连接成为网状结构,网状结构能够起到承托骨料的作用,有效防止骨料的下沉和水泥基复合材料的离析泌水,因此水泥基复合材料硬化过程中的收缩也得到了很大程度上的抑制。即使水泥在硬化过程中产生了微细裂缝,在 PVA 纤维的桥连作用下,也很难形成贯穿试件的渗水孔道,增强了试件的抗渗性能,从而达到提高水泥基材料抗渗性能的目的。掺入 PVA 纤维能提高水泥基复合材料试件的表面性能,进一步阻止了内部裂隙的发展,使得水泥基复合材料试件孔隙率更低、更加密实,从而大大提高其抗渗性能。

12.5　纳米 SiO_2 对 PVA 纤维水泥基复合材料抗渗性能的影响

图 12-3 为不同纳米 SiO_2 掺量时，PVA 纤维增强水泥基复合材料渗水高度(mm)与纳米 SiO_2 掺量之间的关系曲线。

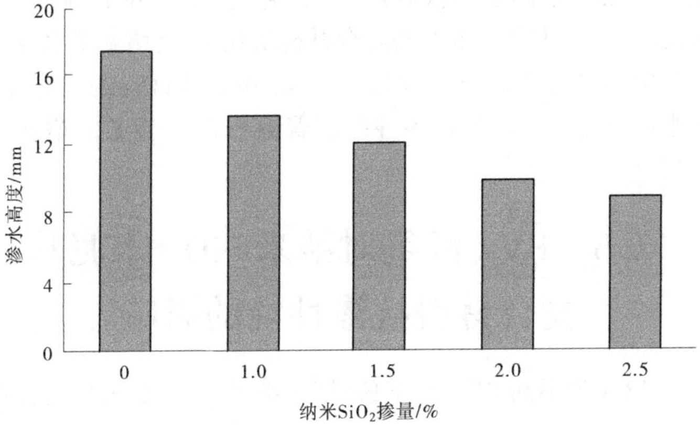

图 12-3　纳米 SiO_2 掺量对抗渗性能的影响(0.9%PVA 纤维)

由图 12-3 可以看出，未掺加纳米 SiO_2 的 PVA 纤维增强水泥基复合材料试件的渗水高度为 17.5 mm，当纳米 SiO_2 掺量为 1.0%、1.5%、2.0%、2.5%时，PVA 纤维增强水泥基复合材料试件的渗水高度分别为 13.7 mm、12.1 mm、9.9 mm、9.0 mm，相对于未掺加纳米 SiO_2 的 PVA 纤维增强水泥基复合材料分别降低了 21.7%、30.8%、43.4%、48.6%。从本试验可以看出，本试验掺量范围内，纳米 SiO_2 可以提高 PVA 纤维增强水泥基复合材料的抗渗性能，且纳米 SiO_2 掺量越大，PVA 纤维增强水泥基复合材料的抗渗性能越强。

水泥基复合材料在压力水作用下易出现渗漏，发生溶出性侵蚀,水泥基复合材料中水泥水化产物 $Ca(OH)_2$ 不断流失,从而引起水化硅酸钙、钙矾石等水化产物的胶体和晶体不断分解,水泥基复合材料也由含孔量少、孔径小的密实体逐步发展为孔量多、孔径大的疏松体。水泥基复合材料渗水的前提条件是其内部存在渗水通道,纳米 SiO_2 颗粒小,可以充填到水泥颗粒间的孔隙中,使水泥基复合材料的密实度大大增强;同时纳米 SiO_2 的二次水化作用即与水泥水化产物中的 $Ca(OH)_2$ 反应,生成水化硅酸钙凝胶体,填充水泥石孔隙,改善了水泥基复合材料微孔结构,堵塞了水泥基复合材料中的渗透通道,从而增强了水泥基复合材料的抗渗能力。因而水泥基复合材料的抗渗性能随着纳米 SiO_2 掺量的增加大幅度提高。

12.6 PVA 纤维对纳米 SiO_2 水泥基复合材料抗渗性能的影响

图 12-4 为不同 PVA 纤维掺量时,纳米 SiO_2 水泥基复合材料渗水高度(mm)与 PVA 纤维掺量(%)之间的关系曲线。

由图 12-4 可以看出,未掺加 PVA 纤维的纳米 SiO_2 水泥基复合材料试件的渗水高度为 14.7 mm,当 PVA 纤维掺量为 0.3%、0.6%、0.9%、1.2%时,纳米 SiO_2 水泥基复合材料的渗水高度为 12.3 mm、10.4 mm、9.9 mm、8.5 mm,相对于未掺加 PVA 纤维的纳米 SiO_2 水泥基复合材料分别降低了 16.3%、29.3%、32.7%、42.2%。从本试验可以看出,PVA 纤维可以提高纳米 SiO_2 水泥基复合材料的抗渗性能,且掺量越大,对纳米 SiO_2 水泥基复合材料抗渗性能的改善越明显。

在水泥基复合材料内掺入 PVA 纤维,PVA 纤维与水泥骨料有极强的结合力,可以迅速而轻易地与水泥基复合材料混合,分布均匀;同时由于 PVA 纤维细微,故比表面积大,能在水泥基复合材

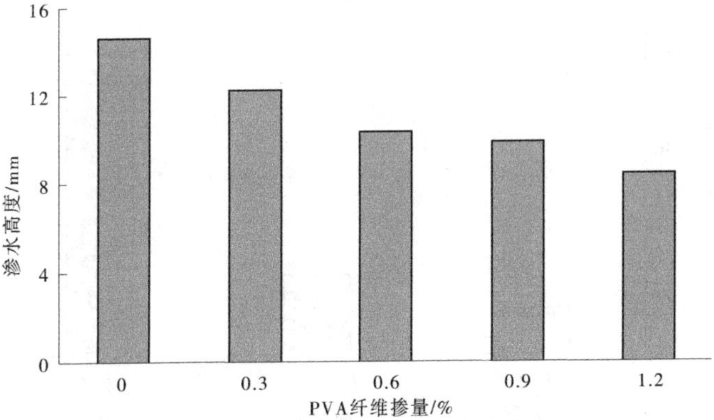

图 12-4　PVA 纤维掺量对抗渗性能的影响(纳米 SiO_2)

料内部构成一种均匀的乱向支撑体系。当微裂缝在细裂缝发展的过程中,必然碰到多条不同向的微纤维,由于遭到纤维的阻挡,消耗了能量,难以进一步发展。因此,PVA 纤维可以有效地抑制水泥基复合材料早期干缩微裂及离析裂的产生和发展,极大地减少了水泥基复合材料收缩裂缝,尤其是有效地抑制了连通裂缝的产生。从宏观上解释,就是 PVA 纤维分散了水泥基复合材料的定向拉应力,从而达到抗裂的效果。PVA 纤维可以大大增强水泥基复合材料的抗裂能力、抗渗能力,作为水泥基复合材料刚体自防水材料的效果显著,可以有效地提高水泥基复合材料的抗渗性能。

12.7　纳米粒子种类对水泥基复合材料抗渗性能的影响

图 12-5 为相同纳米粒子掺量情况下,水泥基复合材料渗水高度(mm)与配合比之间的关系。

由图 12-5 可以看出,未掺加纳米粒子水泥基复合材料的渗水高度分别为 40.2 mm、17.5 mm(0.9%PVA),当纳米粒子掺量为

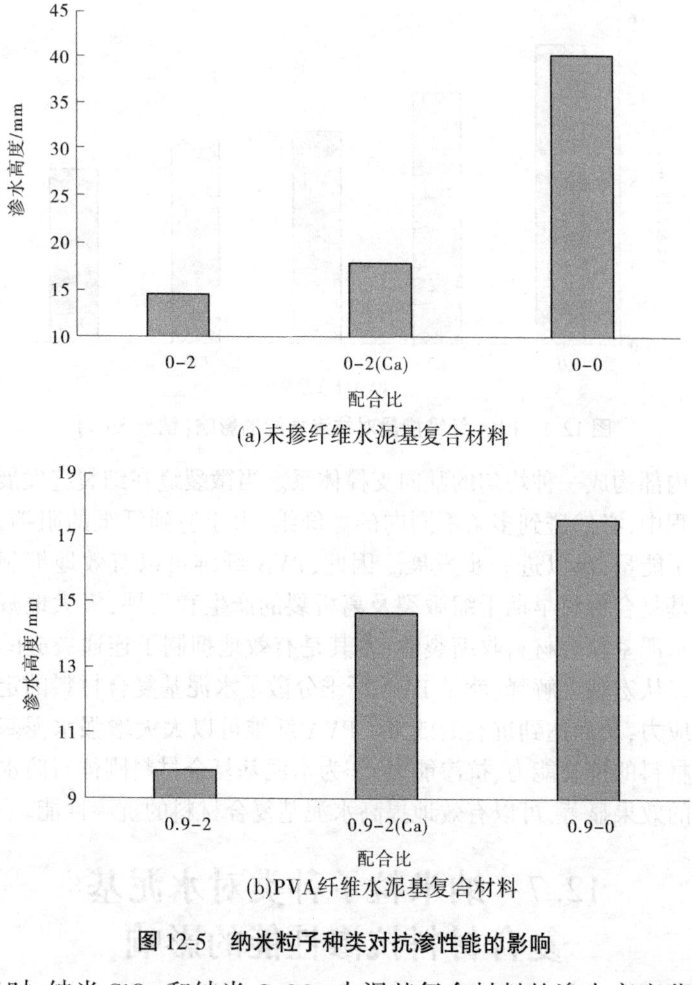

图 12-5　纳米粒子种类对抗渗性能的影响

2%时，纳米 SiO_2 和纳米 $CaCO_3$ 水泥基复合材料的渗水高度分别为 14. 7 mm、18. 2 mm，9. 9 mm、14. 7 mm(0. 9%PVA)，分别降低了 63. 43%、54. 72%，43. 43%、16%。从本试验可以看出，纳米粒子能提高水泥基复合材料的抗渗性能，且纳米 SiO_2 对水泥基复合材料抗渗性能的提高略优于纳米 $CaCO_3$。

水泥基复合材料在压力水的作用下,水泥基复合材料中水泥水化产物 $Ca(OH)_2$ 不断流失,发生溶出性侵蚀,进而引起水化硅酸钙、钙矾石等水化产物的胶体和晶体不断分解,水泥基复合材料也由含孔量少、孔径小的密实体逐步发展为含孔量多、孔径大的疏松体。纳米粒子能有效地改善水泥浆体的内部结构,减小孔隙率,提高密实性,从而提高水泥基复合材料的抗渗性能。而纳米 SiO_2 较纳米 $CaCO_3$ 对抗渗性能的改善效果更明显,是因为纳米 SiO_2 与水泥水化生成的 $Ca(OH)_2$ 进行二次反应,生成水化硅酸钙,一方面降低混凝土内部的毛细孔数量,另一方面降低毛细孔的连通程度。

12.8 小　结

(1)掺加 PVA 纤维可以提高水泥基复合材料的抗渗性能,在试验掺量范围内,纤维掺量越大,PVA 纤维对抗渗性能的提高越明显。

(2)在纳米 SiO_2 水泥基复合材料中掺入 PVA 纤维,在试验掺量范围内,PVA 纤维掺量越大,PVA 纤维对抗渗性能的提高越明显。

(3)在 PVA 纤维增强水泥基复合材料中掺入纳米 SiO_2,可以明显提高其抗渗性能,而且在本书试验掺量范围内($\leqslant 2.5\%$),水泥基复合材料抗渗性能随着纳米 SiO_2 掺量的增加不断增强。

(4)纳米 SiO_2 和纳米 $CaCO_3$ 均能提高水泥基复合材料的抗渗性能,且纳米 SiO_2 对水泥基复合材料的改善效果略优于纳米 $CaCO_3$。

第 13 章 总结与展望

13.1 总 结

本书确定了纳米粒子 PVA 纤维水泥基复合材料的配合比，通过坍落扩展度试验、基本力学性能试验（包括抗压性能试验和抗折性能试验）、弯曲韧性试验、断裂性能试验以及各种耐久性试验（包括抗冻融试验、抗渗试验、抗碳化试验、抗裂试验），研究了 PVA 纤维掺量、纳米粒子掺量及种类和石英砂粒径对纳米粒子水泥基复合材料相关性能的影响。具体总结如下：

（1）纳米粒子和 PVA 纤维的掺入，使得水泥基复合材料拌和物的流动性降低，故使其工作性有所下降，且 PVA 纤维和纳米粒子的掺量越大，工作性降低得就越显著。随着石英砂粒径的减小，纳米粒子 PVA 纤维水泥基复合材料的工作性呈现逐渐降低的趋势。

（2）PVA 纤维掺入水泥基复合材料后，在其 0~0.6% 的掺量范围内可使其抗压强度有所提高，但随着 PVA 纤维掺量的继续增加，其抗压强度有所降低，且维持在较稳定的变化范围内，没有明显的增减趋势。PVA 纤维掺入纳米粒子水泥基复合材料后，在其 0~0.6% 的掺量范围内可使其抗压强度有所提高，且随着 PVA 纤维掺量的继续增加，其抗压强度有所降低，并维持在较稳定的变化范围内，没有明显的增减趋势。纳米 SiO_2 掺入 PVA 纤维水泥基复合材料后，在其 0~1.0% 的掺量范围内可使其抗压强度有所提高，随着纳米 SiO_2 掺量的继续增加，其抗压强度逐渐降低。纳米

$CaCO_3$ 掺量为2.0%时测得的抗压强度均低于掺加相同掺量纳米 SiO_2 的抗压强度。随着石英砂粒径的减小，纳米粒子PVA纤维水泥基复合材料的抗压强度呈现逐渐减小的趋势。

(3)PVA纤维掺入水泥基复合材料后，有效地提高了水泥基复合材料的抗折强度，且随着其掺量的增加呈现逐渐增大趋势，当PVA纤维掺量为1.5%时，PVA纤维水泥基复合材料的抗折强度达到最大值10.95 MPa，与未掺加PVA纤维的水泥基复合材料的相比提高了110.17%。PVA纤维掺入纳米粒子水泥基复合材料后，有效地提高了纳米粒子水泥基复合材料的抗折强度，且随着其掺量的增加呈现逐渐增大的趋势，当PVA纤维掺量为1.5%时，PVA纤维水泥基复合材料的抗折强度达到最大值11.17 MPa，与未掺加PVA纤维的水泥基复合材料的相比提高了120.75%。纳米 SiO_2 加入PVA纤维水泥基复合材料后，其抗折强度随着纳米 SiO_2 掺量的增加呈现先增大后减小的趋势，当纳米 SiO_2 掺量为1.5%时达到最大值8.13 MPa，与未掺加纳米 SiO_2 的PVA纤维水泥基复合材料相比提高了11.98%。随着石英砂粒径的增加，纳米粒子PVA纤维水泥基复合材料的抗折强度呈现逐渐减小的趋势。

(4)PVA纤维掺入水泥基复合材料后，可以有效地提高水泥基复合材料的初始弯曲韧度比以及残余弯曲韧度比，且随着PVA纤维掺量的增加，初始弯曲韧度比与残余弯曲韧度比呈现先增大后减小的趋势，并在PVA纤维掺量为1.2%时达到最大值。

(5)PVA纤维掺入水泥基复合材料后，可以有效地提高其有效裂缝长度、峰值荷载、起裂韧度、失稳韧度、断裂能等断裂参数，并在纤维掺量1.2%时均达到最大值。随着PVA纤维掺量的增加，断裂参数值均呈现先增大后减小的趋势。PVA纤维掺入纳米粒子水泥基复合材料后，可以有效地提高其有效裂缝长度、峰值荷载、起裂韧度、失稳韧度、断裂能等断裂参数，断裂参数均在纤维掺量 1.2%时达到最大值，并随 PVA 纤维掺量的增加呈现先增大后减小的趋势，纳米 SiO_2 粒子掺入 PVA 纤维水泥基复合材料后，随着纳米 SiO_2 粒子掺量的增加，纳米粒子 PVA 纤维水泥基复合材料的有效裂缝长度、断裂峰值荷载、失稳韧度和断裂能等断裂参数呈现先增加后减小的趋势，并在纳米 SiO_2 粒子掺量为 1.5%时，均达到最大值。随着石英砂粒径的减小，纳米粒子 PVA 纤维水泥基复合材料有效裂缝长度、断裂峰值荷载、起裂韧度、失稳韧度和断裂能等相关断裂参数呈现逐渐减小趋势。

(6)掺加 PVA 纤维可以提高水泥基复合材料的抗冻融性能，当 PVA 纤维掺量为 0.9%时水泥基复合材料的抗冻融性能最佳；在 PVA 纤维增强水泥基复合材料中掺入纳米 SiO_2，可以明显提高其抗冻融性能，而且在本书试验掺量范围内（≤2.5%），水泥基复合材料抗冻融性能随着纳米 SiO_2 掺量的增加不断增强；在纳米 SiO_2 水泥基复合材料中掺入 PVA 纤维，在一定掺量范围内可以提高水泥基复合材料的抗冻融性能，且 PVA 纤维体积掺量为 0.9%时，对抗冻融性能提高幅度最大。在水泥基复合材料中掺加纳米粒子可以提高水泥基复合材料的抗冻融性能，同等掺量情况下，纳米 SiO_2 对水泥基复合材料抗冻融性能的提高效果优于纳米 $CaCO_3$。

(7)掺加 PVA 纤维可以提高水泥基复合材料的抗裂性能，在试验掺量范围内，纤维掺量越大，PVA 纤维对抗裂性能的提高越明显；在纳米 SiO_2 水泥基复合材料中掺入 PVA 纤维，在试验掺量范围内，PVA 纤维掺量越大，PVA 纤维对抗裂性能的提高越明显；在 PVA 纤维增强水泥基复合材料中掺入纳米 SiO_2，可以明显提高其抗裂性能，而且在本书试验掺量范围内（≤2.5%），水泥基复合材料抗裂性能随着纳米 SiO_2 掺量的增加不断增强。在水泥基复合材料中掺加纳米粒子可以提高水泥基复合材料的抗裂性能，同等掺量情况下，纳米 SiO_2 对水泥基复合材料抗裂性能的提高效果优于纳米 $CaCO_3$。

(8)掺加 PVA 纤维可以提高水泥基复合材料的抗碳化性能，当 PVA 纤维掺量为 0.9%时水泥基复合材料的抗碳化性能最佳；在纳米 SiO_2 水泥基复合材料中掺入 PVA 纤维，在试验掺量范围内，PVA 纤维掺量越大，PVA 纤维对抗碳化性能的提高越明显；在 PVA 纤维增强水泥基复合材料中掺入纳米 SiO_2，可以明显提高其抗裂性能，而且在本书试验掺量范围内（≤2.5%），水泥基复合材料抗碳化性能随着纳米 SiO_2 掺量的增加不断增强。在水泥基复合材料中掺加纳米粒子可以提高水泥基复合材料的抗碳化性能，同等掺量情况下，纳米 SiO_2 对水泥基复合材料抗碳化性能的提高效果优于纳米 $CaCO_3$。

(9)掺加 PVA 纤维可以提高水泥基复合材料的抗渗性能，在试验掺量范围内，PVA 纤维掺量越大，PVA 纤维对抗渗性能的提高越明显；在纳米 SiO_2 水泥基复合材料中掺入 PVA 纤维，在试验掺量范围内，PVA 纤维掺量越大，PVA 纤维对抗渗性能的提高越明显；在 PVA 纤维增强水泥基复合材料中掺入纳米 SiO_2，可以明显提高其抗渗性能，而且在本书试验掺量范围内（≤2.5%），水泥基复合材料抗渗性能随着纳米 SiO_2 掺量的增加不断增强。在水泥基复合材料中掺加纳米粒子可以提高水泥基复合材料的抗渗性能，同等掺量情况下，纳米 SiO_2 对水泥基复合材料抗渗性能的提高效果优于纳米 $CaCO_3$。

13.2　展　望

本书研究了纳米粒子 PVA 纤维水泥基复合材料的基本力学性能、弯曲韧性、断裂性能和各种耐久性，在试验过程中得到了一些有益的结论，但由于试验条件的限制，仍有一些问题存在，进而需要在以后的研究过程中着重解决：

(1)本书仅在试验所设计的配合比中水灰比及胶砂比固定的

情况下对纳米粒子 PVA 纤维水泥基复合材料的基本力学性能、弯曲韧性、断裂性能和耐久性进行了初步探讨，得到了 PVA 纤维掺量、纳米粒子掺量及种类、石英砂粒径等对纳米粒子 PVA 纤维水泥基复合材料性能影响的一般规律。因此，没有考虑水灰比变化时对纳米粒子 PVA 纤维水泥基复合材料相关力学性能和耐久性的影响。

(2)本书试验均为宏观试验，对微观机制的分析仅停留在定性分析以及对现象描述的阶段，鉴于试验条件限制，没有对纳米粒子 PVA 纤维水泥基复合材料的微观结构进行分析，因此今后还需要借助其他试验手段对其微观结构进行深入分析，并与试验结果相结合，从微观结构层面解释试验机制。

(3)本书所进行的断裂试验，所采用的为固定尺寸和固定裂缝切口长度的试件，没有考虑断裂试件的尺寸效应以及切口敏感性的影响。

(4)本书着重分析了单一因素变化时对水泥基复合材料性能的影响，在今后研究结果相对成熟的情况下应对试验方案进一步调整，分析在多因素耦合作用下对水泥基复合材料性能的影响作用。

参考文献

[1] 王景贤,王立久. 纳米材料在混凝土中的应用研究进展[J]. 混凝土,2004(11):18-21.

[2] 孙振刚,张岚,段中德. 中国水库工程数量及分布[J]. 专家解读,2013(7):10-11.

[3] 徐世烺,蔡向荣. 超高韧性纤维增强水泥基复合材料基本力学性能[J]. 水利学报,2009,40(9):1055-1063.

[4] Li V C, Leung C K Y. Steady-tate and multiple craking of short random fiber composites[J]. Jounal of Materials in Civil Engineering, 1992, 8(11):2246-2264.

[5] 陈文永,陈小兵,丁一. ECC 高性能纤维增强水泥基材料及其应用[J]. 工业建筑,2010,40(S1):768-772.

[6] Li V C, Wang S X, Wu C. Tensile strain-hardening behavior of polyvinyl alcohol engineered cementitious composite[J]. ACI Materials Journal, 2001, 98(6):483-492.

[7] Akkaya Y, Peled A, Shah S P. Parameters related to fiber length and processing in cementitious composites[J]. Materials and Structures, 2000, 33(232):515-524.

[8] Kong H J, Bike S G, Li V C. Constitutive rheological control to develop a self-consolidating engineered cementitious composite reinforced with hydrophilic poly (vinyl alcohol) fibers[J]. Cement and Concrete Composites, 2003,25(3):333-341.

[9] Suthiwarapirak P, Matsumoto T, Kanda T. Multiple cracking and fiber bridging characteristics of engineered cementitious composites under fatigue flexure[J]. Journal of Materials in Civil Engineering,2004,16(5):433-443.

[10] Yun H D, Yang S, ChoiK B, et al. Mechanical properties of high performance hybrid fiber-reinforced cementitious composites (HPHFRCCs)[C]//

Proceeding the American Nuclear Society-International Congress on Advances in Nuclear Power Plants,2005(2):711-719.

[11] Ryu G S, Koh K T, Kang S T, et al. Mechanical properties of ductile fiber reinforced cementitious composites for rehabilitation on concrete structures [J]. Key Engineering Materials,2008,16(5):697-700.

[12] Lee B Y, Kim J K, Kim J S, et al. Quantitative evaluation technique of Polyvinyl Alcohol (PVA) fiber dispersion in engineered cementitious composites[J]. Cement and Concrete Composites,2009,31(6):408-417.

[13] Lepech M D, Li V C. Application of ECC for bridge deck link slabs[J]. Materials and Structures. 2009,42(9): 1185-1195.

[14] Cavdar A. A study on the effects of high temperature on mechanical properties of fiber reinforced cementitious composites[J]. Composites Part B-Engineering,2012,43(5):2452-2463.

[15] Sahmaran M, Ozbay E, Yucel H E, et al. Frost resistance and microstructure of Engineered Cementitious Composites: Influence of fly ash and micro poly-vinyl-alcohol fiber [J]. Cement and Concrete Composites, 2012, 34 (2):156-165.

[16] Tosun-Felekoglu K, Felekoglu B. Effects of fiber-matrix interaction on multiple cracking performance of polymeric fiber reinforced cementitious composites[J]. Composites Part B-Engineering,2013(5):61-72.

[17] Zhang J, Li V C. Monotonic and fatigue performance of engineered fiber reinforced cementitious composite in overlay system with deflection cracks [J]. Cement and Concrete Research, 2002,132(3): 415-423.

[18] 陈婷. 高强高弹 PVA 纤维增强水泥基材料的研制与性能[D]. 合肥:合肥工业大学,2004.

[19] 林水东,程贤甦,林志忠. PP 和 PVA 纤维对水泥砂浆抗裂和强度性能的影响[J]. 混凝土与水泥制品,2005(1):43-45.

[20] 田砾, 朱桂红,郭平功,等. PVA 纤维增强应变硬化水泥基材料韧性性能研究[J]. 建筑科学,2006,22(5):47-49,34.

[21] 邓宗才,薛会青,李朋远. PVA 纤维增强混凝土的弯曲韧性[J]. 南水北调与水利科技,2007,5(5):139-141.

[22] Zhang J, Leng B. Transition from multiple macro-cracking to multiple micro-cracking in cementitious composites[J]. Tsinghua Science & Technology,2008, 13(5): 669-673.

[23] Weimann M, Li V C. Drying shrinkage and crack width of ECC[A]. In Proceeding of BMC-7[C]. Warsaw,Poland,2003:37-46.

[24] 刘志凤,车广杰. 超高韧性水泥基复合材料收缩性能研究进展[J]. 建筑工程,2009,4:237.

[25] 赵铁军,毛新奇,张鹏. 应变硬化水泥基复合材料的干燥收缩与开裂[J]. 东南大学学报,2006,36: 269-273.

[26] 郭磊磊,张玉娥,邱晓光. PVA-ECC 材料性能研究及应用[J]. 河南城建学院学报,2010, 19(1):46-48.

[27] 杜志芹,孙伟. 纤维和引气剂对现代水泥基材料抗扩散性的影响[J]. 东南大学学报,2010, 40(3):614-618.

[28] 张君,公成旭,局贤春. 高韧性低收缩纤维增强水泥基复合材料特性及应用[J]. 水利学报,2011,42(12):1452-1461.

[29] 刘曙光,闫敏,闫长旺,等. 聚乙烯醇纤维强化水泥基复合材料的抗盐冻性能[J]. 吉林大学学报(工学版),2012,42(1):63-67.

[30] 叶青. 纳米复合水泥结构材料的研究与开发[J]. 新型建筑材料,2001(11):4-6.

[31] 王冲,蒲心诚,刘芳,等. 纳米颗粒材料在水泥基材料中应用的可行性研究[J]. 新型建筑材料,2003(2):22-23.

[32] Li H, Xiao H G, Yuan J. Microstructure of cement mortar with nano-particles[J]. Composites Part B: Engineering,2004,35(2):185-189.

[33] 熊国宣,邓敏,徐玲玲,等. 掺纳米 TiO_2 的水泥基复合材料的性能[J]. 硅酸盐学报,2006, 34(9):1158-1161.

[34] 杨瑞海,陆文雄,余淑华,等. 复合纳米材料对混凝土及水泥砂浆的性能影响[J]. 重庆建筑大学学报,2007,29(5):144-148.

[35] 王培铭,朱绘美,张国防. 纳米 SiO_2 对水泥饰面砂浆性能的影响[J]. 新型建筑材料,2010(9):14-16.

[36] Meng T, Yu Y, Qian X Q, et al. Effect of nano-TiO_2 on the mechanical properties of cement mortar [J]. Construction and Building Materials, 2012

(29):241-245.

[37] Jo B W, Kim C H, Lim J H. Characteristics of cement mortar with nano-SiO_2 particles[J]. ACI Materials Journal,2007,104(4):404-407.

[38] Hosseini P, Booshehrian A, Farshchi S. Influence of nano-SiO_2 addition on microstructure and mechanical properties of cement mortars for ferrocement [J]. Transportation Research Record,2010,2141:15-20.

[39] Ltifi M, Guefrech A, Mounanga P, et al. Experimental study of the effect of addition of nano-silica on the behaviour of cement mortars [J]. Procedia Engineering,2011(10):900-905.

[40] Oltulu M, Sahin R. Single and combined effects of nano-SiO_2, nano-Al_2O_3 and nano-Fe_2O_3 powders on compressive strength and capillary permeability of cement mortar containing silica fume[J]. Materials Science and Engineering A,2011,528(22-23):7012-7019.

[41] Hosseinpourpia R, Varshoee A, Soltani M, et al. Production of waste bio-fiber cement-based composites reinforced with nano-SiO_2 particles as a substitute for asbestos cement composites[J]. Construction and Building Materials,2012,31(1):105-111.

[42] Nazari A, Riahi S. The effects of SiO_2 nanoparticles on physical and mechanical properties of high strength compacting concrete[J]. Composites Part B-Engineering,2011,4(2):570-578.

[43] 中华人民共和国国家质量监督检验检疫总局,中国国家标准化管理委员会. 混凝土外加剂:GB 8076—2008[S]. 北京:中国标准出版社,2009.

[44] 李亚杰,方坤和. 建筑材料[M]. 北京:中国水利水电出版社,2009.

[45] 郜进良,余川,李固华. 机制砂特性对混凝土和易性影响的试验研究[J]. 公路,2011,12:155-159.

[46] 高淑玲. PVA 纤维增强水泥基复合材料假应变硬化及断裂特性研究[D]. 大连:大连理工大学,2004.

[47] 杨晓,赵蔚,贾清秀,等. 水泥基纤维复合材料研究进展[J]. 高分子通报,2013(12):21-30.

[48] 汪鹏. 纳米高性能混凝土断裂性能试验研究[D]. 郑州:郑州大学,2012.

[49] 李朋飞. 纳米水泥混凝土路用性能研究[D]. 西安:长安大学,2010.

[50] 中华人民共和国国家质量监督检验检疫总局,中国国家标准化管理委员会. 钢丝网水泥用砂浆力学性能试验方法:GB/T 7897—2008[S]. 北京:中国标准出版社,2009.

[51] 中华人民共和国住房和城乡建设部. 建筑砂浆基本性能试验方法标准:JGJ 70—2009[S]. 北京:中国建筑工业出版社,2009.

[52] 蔡向荣. 超高韧性水泥基复合材料基本力学性能和应变硬化过程理论分析 [D]. 大连:大连理工大学,2009.

[53] 陈刚,邵洛,曹川, 等. 钢纤维纳米矿粉混凝土劈拉及抗折性能试验研究[J]. 混凝土与水泥制品,2014(11):6-10.

[54] Lin Z, Kanda T, Li V C. On interface property characterization and performance of fiber reinforced cementitious composites[J]. Concrete Science Engineering, RILEM, 1999(1): 173-184.

[55] Li V C. On engineered cementitious composites (ECC)-a review of the material and its applications[J]. Advanced Concrete Technology, 2003, 1(3):215-230 .

[56] Li V C, Wu H, Maalej M, et al. Tensile behavior of cement based composites with random discontinuous steel fibers[J]. Journal of the American Ceramics Society, 1996, 79(1): 74-79.

[57] Wang S, Li V C. Polyvinyl alcohol fiber reinforced engineered cementitious composites material design and performances[C]// Proceeding of International RILEM Workshop on HPFRCC in Structural Applications Honolulu, Hawaii, U. S. A: RILEM Publications, 2005.

[58] 徐世烺, 李贺东. 超高韧性水泥基复合材料直接拉伸试验研究[J]. 土木工程学报, 2009, 42(9):32-41.

[59] 邓宗才,薛会青,李朋远,等. 纤维素纤维增强高韧性水泥基复合材料的拉伸力学性能[J]. 北京工业大学学报, 2009, 35(8): 1069-1073.

[60] 张林俊, 宋玉普, 吴智敏. 混凝土轴拉试验轴拉保证措施的研究[J]. 实验技术与管理,2003, 20(2): 99-124.

[61] 顾惠琳, 彭勃. 混凝土单轴直接拉伸应力-应变全曲线试验方法[J]. 建筑材料学报, 2003, 6(1): 66-71.

[62] 王善元, 张汝光,等. 纤维增强复合材料[M]. 上海: 中国纺织大学出版社, 2003.

[63] 张栋翔. PVA 纤维水泥基复合材料(PVA-ECC)拉伸和弯曲性能试验研究[D]. 呼和浩特:内蒙古工业大学, 2016.

[64] 李艳,刘泽军,梁兴文. 高性能 PVA 纤维增强水泥基复合材料单轴受拉特性[J]. 工程力学, 2013, 30(1): 322-330.

[65] 邓宗才,张鹏飞,刘爱军,等. 高强度纤维素纤维混凝土抗冻融性能试验研究[J]. 公路, 2009, 7: 304-308.

[66] 王德志,孟云芳,李田雨. 纳米 SiO_2 和纳米 $CaCO_3$ 改善混凝土抗冻性能试验[J]. 混凝土与水泥制品, 2015, 7:6-10.

[67] 杜应吉,韩苏建,姚汝方,等. 应用纳米微粉提高混凝土抗渗抗冻性能的试验研究[J]. 西北农林科技大学学报: 自然科学版, 2004, 32(7): 107-110.

[68] 刘磊. 纳米 $CaCO_3$ 对粉煤灰混凝土性能影响及作用机理的研究[D]. 哈尔滨:哈尔滨工业大学, 2014.

[69] 张茂花. 纳米路面混凝土的全寿命性能[D]. 哈尔滨: 哈尔滨工业大学, 2007.

[70] 董健苗,刘晨,龙世宗. 纳米 SiO_2 在不同分散条件下对水泥基材料微观结构、性能的影响[J]. 建筑材料学报, 2012, 4: 490-493.

[71] 韩建国,阎培渝. 混凝土弯曲韧性测试和评价方法综述[J]. 混凝土世界,2010(17):41-45.

[72] Standard test method for flexural toughness and first crack strength of fiber reinforced concrete: ASTM C 1018-98 [S]. West Conshohocken: ASTM Internation,1997:544-551.

[73] Method of test for flexural strength and flexural toughness of fiber reinforced concrete:JCI JSCE-SF4[S]. Tokyo:Japan Concrete Institute,1984:45-51.

[74] Test and design method of steel reinforced concrete: Bending test: RILEM TC 162-TDF[S].

[75] 中国工程建设标准化协会. 纤维混凝土结构技术规程:CECS38:2004[S]. 北京:中国计划出版社,2004.

[76] 中国工程建设标准化协会. 纤维混凝土试验方法标准:CECS13:2009

[S]. 北京:中国计划出版社 2009.
[77] 中华人民共和国住房和城乡建设部. 钢纤维混凝土:JG/T 472—2015 [S]. 北京:中国标准出版社 2015.
[78] 石国柱. 钢纤维混凝土弯曲韧性与断裂性能研究[D]. 郑州:郑州大学,2004.
[79] 高丹盈,赵亮平,冯虎,等. 钢纤维混凝土弯曲韧性及其评价方法[J]. 建筑材料学报,2014,17(5):6-10.
[80] 范树华. 纤维分部及钢纤维混凝土弯曲性能试验研究[D]. 大连:大连理工大学,2012.
[81] 徐世烺. 混凝土断裂试验与断裂韧度测定标准方法[M]. 北京:机械工业出版社,2010.
[82] 中华人民共和国国家发展和改革委员会. 水工混凝土断裂试验规程:DL/T 5332—2005[S]. 北京:中国电力出版社,2006.
[83] 徐世烺,赵国藩. 混凝土结构裂缝扩展的双 K 断裂准则[J]. 土木工程学报,1992,25(2):20-33
[84] 徐世烺,赵艳华. 混凝土裂缝扩展的断裂过程准则与解析[J]. 工程力学,2008(25):20-33.
[85] 邵若莉. 混凝土断裂能与双 K 断裂参数的试验研究[D]. 大连:大连理工大学,2005.
[86] 郭向勇,方坤河,冷发光. 混凝土断裂能的理论分析[J]. 哈尔滨工业大学学报,2005,37(9):1219-1222.
[87] 孟思宇, 左俊卿, 王超. 不同纤维混凝土耐久性研究[J]. 粉煤灰综合利用, 2013(1): 19-22.
[88] 王秀红, 崔琪. 微硅粉对纤维增强水泥耐久性影响的试验研究[J]. 混凝土与水泥制品, 2007(6): 47-49.
[89] 戎志丹, 王瑞, 林发彬. 纳米超高性能水泥基复合材料微结构演变研究[J]. 深圳大学学报理工版, 2013, 30(6): 611-616.
[90] 中华人民共和国水利部. 水工混凝土试验规程:SL 352—2020[S]. 北京: 中国水利水电出版社,2006.
[91] 张菊, 刘曙光, 闫长旺,等. 氯盐环境 PVA 纤维增强水泥基复合材料抗冻性的影响[J]. 硅酸盐学报, 2013, 41(6): 766-771.

[92] 孙振华. 高性能混凝土耐久性试验研究[D]. 郑州, 郑州大学, 2011.
[93] 杜应吉, 韩苏建, 姚汝方, 等. 应用纳米微粉提高混凝土抗渗抗冻性能的试验研究[J]. 西北农林科技大学学报: 自然科学版, 2004, 32(7): 107-110.
[94] 黄承逵. 纤维混凝土结构[M]. 北京: 机械工业出版社, 2005.
[95] 邓宗才, 薛会青, 徐海宾. ECC 材料的抗冻融性能试验研究[J]. 华北水利水电学院学报, 2013, 34(1): 16-19.
[96] 康秋波,方永浩,邓红芬. 玄武岩/聚丙烯纤维水泥砂浆的力学性能与抗裂性[J]. 材料导报, 2011, 12: 122-126.
[97] 郭丽萍, 陈波, 杨亚男. PVA 纤维对混凝土抗裂与增韧效应影响的研究进展[J]. 水利水电科技进展, 2015,35(6): 113-118.
[98] 王秀红,崔琪. 微硅粉对纤维增强水泥耐久性影响的试验研究[J]. 混凝土与水泥制品, 2007(3): 47-49.
[99] 钱匡亮. 纳米 $CaCO_3$ 对水泥基材料的作用、机理及应用研究[D]. 杭州: 浙江大学, 2011.
[100] 中华人民共和国国家发展和改革委员会. 水泥砂浆抗裂性能试验方法:JC/T 951—2005[S]. 北京:中国建材工业出版社,2005.
[101] 冯长伟. 闸室墙高性能混凝土抗裂和耐撞磨性能的研究[D]. 南京: 东南大学, 2008.
[102] 严登华, 何岩, 邓伟, 等. 东辽河流域坡面系统生态需水研究[J]. 地理学报, 2002, 57(6): 685-692.
[103] 杜应吉,韩苏建,姚汝方,等. 应用纳米微粉提高混凝土抗渗抗冻性能的试验研究[J]. 西北农林科技大学学报: 自然科学版, 2004, 32(7): 107-110.
[104] 邓宗才,张永方,徐海宾,等. 纤维素纤维混凝土早期抗裂与抗渗性能试验[J]. 南水北调与水利科技, 2012,10(6): 10-13,46.
[105] 王德志, 孟云芳, 李田雨. 纳米 SiO_2 和纳米 $CaCO_3$ 改善混凝土抗冻性能试验[J]. 混凝土与水泥制品, 2015,7:6-10.
[106] 刘磊. 纳米 $CaCO_3$ 对粉煤灰混凝土性能影响及作用机理的研究[D]. 哈尔滨:哈尔滨工业大学, 2014.
[107] 张茂花. 纳米路面混凝土的全寿命性能[D]. 哈尔滨: 哈尔滨工业大

学, 2007.
[108] 董健苗,刘晨,龙世宗. 纳米 SiO_2 在不同分散条件下对水泥基材料微观结构、性能的影响[J]. 建筑材料学报, 2012, 4: 490-493.
[109] 魏荟荟. 纳米 $CaCO_3$ 对水泥基材料的影响及作用机理研究[D]. 哈尔滨: 哈尔滨工业大学, 2013.
[110] 刘卫东. 改性聚丙烯纤维混凝土的工程性能研究[D]. 上海:东华大学,2010.
[111] 钱庆祎, 张经双. 纤维混凝土特性研究及应用前景[J]. 西部探矿工程, 2005,10: 166-168.
[112] 王永波. PVA 纤维增强水泥基复合材料的性能研究[D]. 重庆:重庆大学, 2005.
[113] 王艳琼. 玻璃纤维混凝土耐久性及耐高温试验研究[D]. 银川:宁夏大学, 2016.
[114] 周祎. 混杂纤维混凝土的性能研究[D]. 郑州:郑州大学, 2016.
[115] 张小艳. 大掺量粉煤灰混凝土的抗碳化性能研究[D]. 咸阳:西北农林科技大学, 2010.
[116] 程云虹, 王宏伟, 王元. 纤维增强混凝土抗碳化性能的初步研究[J]. 建筑材料学报, 2010, 6: 792-795.
[117] 陈刚, 邵洛, 曹川,等. 钢纤维纳米矿粉混凝土劈拉及抗折性能试验研究[J]. 混凝土与水泥制品, 2014 (11): 6-10.
[118] 邓东升. 合成纤维对水工混凝土抗裂性能和抗碳化性能的影响[J]. 混凝土, 2005, 10: 45-48.
[119] 黄振. 纳米混凝土力学性能及耐久性研究[D]. 沈阳:沈阳大学, 2016.
[120] 向阳开, 蓝祥雨. 隧道聚丙烯纤维混凝土抗渗性能分析及试验比较[J]. 土木建筑与环境工程, 2010, 32(5): 114-118.
[121] 徐至钧. 纤维混凝土技术及应用[M]. 北京:中国建筑工业出版社, 2003.
[122] 黄承逵. 纤维混凝土结构[M]. 北京:机械工业出版社, 2004.
[123] 彭书成, 丁志超, 陈美兰,等. 混合纤维混凝土增强抗裂抗渗性能试验研究[J]. 建筑科学, 2007, 23(3): 56-59.

[124] 孟彬, 赵晶, 李学英,等. 改性聚丙烯纤维混凝土耐久性的研究[J]. 低温建筑技术, 2004(3): 4-6.

[125] 杨成蛟, 黄承逵,车轶,等. 混杂纤维混凝土的力学性能及抗渗性能[J]. 建筑材料学报, 2008,11(1): 89-93.

[126] 冷发光, 冯乃谦. 高性能混凝土渗透性和耐久性及评价方法研究[J]. 低温建筑技术,2000(4):14-16.

[127] 冷发光,戎君明,丁威,等.《普通混凝土长期性能和耐久性能试验方法标准》GB/T 50082—2009 简介[J]. 施工技术, 2010,39(2): 6-9.

[128] 张礼和,谈慕华. PP 纤维水泥界面粘接与抗干缩开裂性能研究[J]. 建筑材料学报, 2001, 4(1): 17-21.

[129] Cotterell B, Mai Y W. Fracture mechanics of cementitious materials[M]. CRC Press,1995.

[130] 李金玉, 曹建国. 水工混凝土耐久性的研究和应用[M]. 北京: 中国水利水电出版社,2004.

[131] 吴刚,李希龙,史丽华,等. 聚丙烯纤维混凝土抗渗性能的研究[J]. 混凝土, 2010(7): 95-97,101.

[132] 李固华, 高波. 纳米微粉 SiO_2 和 $CaCO_3$ 对混凝土性能影响[J]. 铁道学报, 2006,1: 131-136.

[133] 祖天钰. 纳米碳酸钙对超高性能混凝土影响的研究[D]. 长沙: 湖南大学, 2013.